Werner David

Fertig zum Einzug: Nisthilfen für Wildbienen

Gedruckt auf
100% Recyclingpapier

Werner David

Fertig zum Einzug: Nisthilfen für Wildbienen

Leitfaden für Bau und Praxis – so gelingt's

Inhalt

So bitte nicht!

Der Autor

Anhang

Unbekannte Welt der Wildbienen

Die Welt der Wildbienen ist enorm vielfältig, faszinierend und liebenswert. Wer sich noch nie mit ihr beschäftigt hat, wird in der Regel keinen zweiten Gedanken an die winzigen »Fliegen«, die da emsig in allen möglichen Blüten herumwuseln, verschwenden. Vielen Menschen sind die Existenz und die Bedeutung der Wildbienen auch nicht bewusst. Der Begriff »Biene« steht in der Regel ausschließlich für die Honigbiene mit ihrem komplexen Sozialstaat, obwohl es sich bei ihr eher um eine Ausnahme als die Regel im Bienenreich handelt. Hat man dagegen begonnen, sich mit diesem faszinierenden Thema auseinanderzusetzen, sieht man plötzlich nur noch Wildbienen in seinem Garten. In Mitteleuropa tummeln sich immerhin etwa 750 Arten, in Deutschland sind es etwa 560 Arten. Lange Zeit standen Wildbienen im Schatten der Honigbiene, erst in jüngster Zeit wird ihre bisher weit unterschätzte Bedeutung bei der Bestäubung von Blütenpflanzen zunehmend erforscht.

Nisthilfen für Insekten erfahren seit einigen Jahren einen regelrechten Boom. Bei sinnvoll konstruierten Modellen sind über kurz oder lang alle Nistgänge besetzt – so gut werden sie von den Insekten angenommen. Viele käufliche Modelle ignorieren die Bedürfnisse der Insekten allerdings fast komplett und werden kaum besiedelt. Dann ist die Enttäuschung groß und das Interesse lässt nach. Um dem entgegenzuwirken, möchte ich in diesem Buch auf die häufigsten Baufehler hinweisen und praxistaugliche Alternativen vorstellen. Mit Nisthilfen lässt sich zwar nur eine Handvoll allesamt recht häufiger Arten ansiedeln, vor allem aus pädagogisch-didaktischer Sicht können sie aber sehr wertvoll sein und zur weiteren Auseinandersetzung mit diesem Thema anregen.

Für mich ist es faszinierend, was sich alles auf meinem winzigen, aber naturnah gestalteten Balkon tummelt. Das rege Treiben an einer praxistauglichen Nisthilfe für Wildbienen zu beobachten, führt mir immer wieder vor Augen, wie faszinierend, komplex, bereichernd und schützenswert die Natur ist. Auf engstem Raum kann ich dort die wesentlichen Aspekte eines Wildbienenlebens beobachten und dokumentieren – von der Paarung über den Bau der Brutzellen und die Entwicklung der Larven bis zum Lebenszyklus der parasitierenden Gegenspieler. Immer wenn

Wilde Blumen und wilde Bienen auf dem Balkon

Mein Liliput-Balkon im ersten Stock in Erding bei München hat eine Fläche von etwa 2 m² und öffnet sich nach Osten. In 5 Balkonkästen, 5 großen Töpfen sowie 2 Hängeelementen zur Wandbepflanzung gedeihen etwa 25 verschiedene einheimische Wildstaudenarten. Es sind fast alles Arten der Magerstandorte, die in extensiver Dachgartenerde wachsen, ein Substrat mit hohem mineralischen Anteil. Alle von mir verwendeten Nisthilfen werden jede Saison nahezu vollständig von Wildbienen besiedelt. Mitten in der Stadt kann ich so jedes Jahr eine ganze Reihe von Wildbienenarten anlocken.

ich »nur mal kurz« auf meinen Balkon gehen möchte, zieht mich irgendeine Beobachtung in ihren Bann und lässt mich alle Zeit vergessen. Das führt dann oft zu kaltem Cappuccino und zu Nudeln, die alles andere als al dente sind.

Es muss nicht immer ein riesiger Garten sein – selbst ein einziger, wildbienengerecht bepflanzter Blumentopf kann schon als Insektenmagnet wirken. Die Welt der solitären Wildbienen und Wespen ist faszinierend und jeder, der einen Garten oder Balkon hat, kann ohne großen Aufwand daran teilhaben.

Auf den folgenden Seiten finden Sie praktische Anleitungen für sinnvoll konzipierte Nisthilfen in einem bienenfreundlichen Umfeld. Alle Komponenten wie Pappröhrchen, hohle Pflanzenstängel, Hartholzblöcke mit Bohrlöchern und Nisthilfen aus gebranntem Ton sind vielfach in der Praxis erprobt. Bei solchen Nisthilfen bleibt erfahrungsgemäß kein einziges Loch frei – vorausgesetzt, Sie sorgen für ein passendes Umfeld mit reichlich blühenden einheimischen Wildstauden.

Legen wir also los. Ich wünsche Ihnen viel Freude dabei!

Gärten für Wildbienen

Durch die Intensivierung der Landwirtschaft und den damit einhergehenden Monokulturen, durch Überdüngung, Flächenversiegelung, Pestizide, Herbizide und den Verlust strukturreicher und blütenreicher Lebensräume nehmen die Bestandsgrößen der Wildbienen und ihre Artenzahl in erschreckendem Umfang ab. Je nach Bundesland schwankt der Prozentsatz der auf der Roten Liste stehenden Wildbienenarten derzeit zwischen 30 und 70 Prozent. Der Schutz bestehender Lebensräume ist daher ein zentrales Anliegen des Naturschutzes. In unseren Gärten, aber auch im öffentlichen Grün haben wir die Möglichkeit, unsere heimische Flora und Fauna zu bewahren. Das Engagement im Siedlungsraum kann und soll dabei Natur- und Landschaftsschutz nicht ersetzen, es kann sie aber unterstützen und wertvolle Refugien in einer weitgehend ausgeräumten Landschaft bieten.

Alle Wildbienenarten sind gemäß § 39 Abs. 1 des Bundesnaturschutzgesetzes besonders geschützt. Indem sie Nisthilfen besiedeln, werden sie nicht automatisch zu Haustieren, sondern zählen weiterhin zu den wild lebenden Tieren. Der gesetzliche Schutz ihrer Fortpflanzung- und Ruhestätten erstreckt sich auch auf künstliche Nisthilfen im unmittelbaren Einwirkungsbereich des Menschen, zum Beispiel in unseren Gärten sowie an oder in Gebäuden. Eine Entfernung oder Zerstörung von Nisthilfen ist daher rechtswidrig.

Wie kommen die Wildbienen in den Garten?

Die Besiedelung mit Wildbienen hängt unter anderem vom Strukturreichtum in einem Garten ab. Hier punkten unter anderem Trockenmauern, Totholz, Sumpfgräben, Ruderalflächen und artenreiche Trockenstandorte. Eine möglichst artenreiche Bepflanzung mit – idealerweise einheimischen – Stauden und Sträuchern, die während der ganzen Vegetationsperiode für Blüten sorgen, gewährleistet die erforderlichen Pollen- und Nektarquellen. Nisthilfen für Wildbienen sind hier lediglich das besondere i-Tüpfelchen.

Wildbienenschutz in Stadt und Dorf

Aufgrund der zunehmenden Struktur- und Artenverarmung kann die Wildbienendichte im Siedlungsraum inzwischen höher sein als im intensiv genutzten Umland. So wurden im Stadtgebiet von Zürich 142 Wildbienenarten nachgewiesen, in Stuttgart 258, in Berlin 261. Die Anzahl der in Städten gezählten Arten lag bei 50 bis 90 Prozent der Gesamtartenzahl in der entsprechenden Region. Die naturnahe Gestaltung von Gärten könnte dazu beitragen, diese Artenvielfalt auch künftig zu erhalten.

Zu diesem erstaunlichen Ergebnis tragen unter anderem das wärmere Mikroklima, ein Mosaik vielfältiger, kleinräumiger Strukturen und ein stellenweise reichliches Nahrungsangebot in Gärten und Parks, auf Brachflächen und extensiv genutzten Grünflächen im Siedlungsraum bei. Aufgrund der starken Aufheizung, lokal reduzierter Windströmung und durch die stadteigene Wärmeproduktion sind Städte Wärmeinseln, die den Bedürfnissen der Wärme und Trockenheit liebenden Wildbienen entgegenkommen. Verglichen mit dem Umland besteht meist ein gutes Blütenangebot. So bieten Gärten und Parks der Stadt zum Beispiel ein breites Spektrum früh blühender Arten – inzwischen häufig Mangelware in der umgebenden Landschaft. Auch während der übrigen Vegetationszeit finden die Insekten in Ortschaften ein mehr oder weniger kontinuierliches Angebot an Futterpflanzen.

Als Nistmöglichkeiten nutzen die Bienen im Siedlungsraum unter anderem Spalten, Fugen und Löcher in altem Mauerwerk, selbst Kleinstbiotope wie Sandfugen zwischen Pflastersteinen werden besiedelt. Für bodennistende Arten ist die Situation durch den hohen Grad der Bodenversiegelung generell am schwierigsten. Manche unspezialisierte Arten wie die Gehörnte Mauerbiene *(Osmia cornuta)* oder die Rostrote Mauerbiene *(Osmia bicornis)* haben sich dagegen im Laufe der Jahre aufgrund ihrer Flexibilität bei der Wahl des Nistplatzes zu Kulturfolgern entwickelt und nehmen in ihren Beständen stetig zu.

Wildbienenfachleute und ihre Gärten

Welch großes Potenzial in einem Privatgarten stecken kann, zeigen die Gärten verschiedener Wildbienenspezialisten. So bestimmte Felix Amiet in seinem Garten (0,1 ha) im schweizerischen Solothurn 119 verschiedene Wildbienenarten, Albert Krebs in seinem Garten (0,1 ha) in Agasul, ebenfalls in der Schweiz, 60 Arten und Paul Westrich in Tübingen (320 m²) 115 Arten. Und in Wesel zählten Renate und Gerhard Freundt in ihrem Garten (1,1 ha) sogar 127 Wildbienenspezies.

Mit Nisthilfen allein erreicht man das nicht. So siedelten in Paul Westrichs Garten lediglich 35 der gezählten 115 Arten an den angebotenen Nisthilfen. Oberste Priorität sollten daher nicht die Nisthilfen haben, sondern möglichst immer auch die gezielte Auswahl und Pflanzung besonders wertvoller Pollenspender. Nur durch diese Maßnahme lässt sich eine solch große Artenvielfalt wie in den genannten Beispielen erreichen.

Auch wenn der Schutz natürlicher Lebensräume Vorrang haben muss, können Maßnahmen in Ortschaften flankierend zum Wildbienenschutz beitragen. Gärten und Grünflächen nehmen vielfach einen hohen Anteil der Siedlungsfläche ein. So ist die Gesamtfläche aller Gärten einer Region oft größer als die Gesamtfläche der Naturschutzgebiete dieser Region. Wildbienen sind nicht scheu und lassen sich in der Regel weder durch die Aktivität des Menschen noch durch Lärm stören. Daher siedeln sie zum Beispiel auch völlig ungeniert auf sandigen, normal begangenen Wegen. Diese sechsbeinigen »Wegelagerer« sollten beim Gartenbesitzer aber kein Grund zur Panik, sondern vielmehr ein Grund zur Freude sein!

Einheimische Wildpflanzen

Solitäre Wildbienen benötigen ein reiches Angebot an Blütenpflanzen zur Versorgung ihrer Brutzellen mit Pollen und Nektar sowie Kleinstrukturen, die sich als Nistplatz für die jeweilige Art eignen. Wenn Nistmöglichkeiten und Nahrungsangebot auf engem Raum vorhanden sind, kommen manche Wildbienenarten mit vergleichsweise kleinen Flächen zurecht, die auch unsere Gärten bieten können. Gerade ein Naturgarten, der reich ist an Kleinstrukturen, Trockenmauern, Steinhaufen, Totholz, Magerstandorten, Blumenwiesen und einem hohen Anteil heimischer Blütenpflanzen kann hier ein wertvolles Refugium sein. Durch die gezielte Auswahl heimischer Pflanzenarten können wir den Insekten vom Frühjahr bis in den Herbst ein durchgehend gut bestücktes Pollen-Nektar-Büfett bieten. Bei den im Frühjahr als erste Pollenspender besonders wichtigen Weiden gibt es beispielsweise zahlreiche kleinwüchsige Arten, die im Garten Raum finden, ohne ihn zu dominieren. Ein lebendiges Netzwerk struktur- und blütenreicher Flächen zu schaffen, sollte dabei unser Ziel sein. Die Insekten werden es uns danken.

58 der einheimischen Wildbienenarten sind auf eine einzige Pflanzengattung als Pollenquelle für ihren Nachwuchs angewiesen, 205 Arten auf eine einzige Pflanzenfamilie. Diese Wildbienen können genetisch bedingt nicht auf andere Pollenspender ausweichen. Besonders wichtige Pflanzengattungen sind die Weiden *(Salix)*, die Natternköpfe *(Echium)* und die Glockenblumen *(Campanula)*. 15 Wildbienenarten nutzen diese drei Pflanzengattungen jeweils als alleinige Pollenquelle.

Für die eigene Ernährung nutzt das Bienenweibchen fast ausschließlich Nektar. Auch männliche Bienen und Kuckucksbienen versorgen sich mit Nektar für den Eigenbedarf. Hierfür nutzen die Wildbienen – und zwar sowohl Pollenspezialisten als auch Pollengeneralisten (siehe Seite 18) – ein sehr breites Artenspektrum. Daher findet man Pollenspezialisten auch immer wieder auf scheinbar »falschen« Pflanzenarten. Dort wird dann aber nicht Pollen für den Nachwuchs gesammelt, sondern Nektar zur Deckung des hohen Energiebedarfes beim Flug aufgenommen.

Glockenblumen, Weiden und Natternkopf gehören zu den wertvollsten
Pollenspendern für die Pollenspezialisten unter den Wildbienen.

Pollenspezialisten und Pollengeneralisten

Oligolektische Wildbienenarten (Pollenspezialisten) sammeln Pollen bei den Arten
einer Pflanzenfamilie, im Extremfall sogar nur bei den Arten einer einzigen Gattung, zum Beispiel Natternkopf. Beispiele: Die Dunkle Weidensandbiene *(Andrena
apicata)* nutzt ausschließlich Weidenarten *(Salix)* als Pollenquelle. Die Natternkopf-
Mauerbiene *(Osmia adunca)* sammelt am Natternkopf *(Echium)*, die Glockenblumen-
Scherenbiene *(Osmia campanularum)* an Glockenblumen *(Campanula)*. Gerade bei
den Glockenblumen gibt es zahlreiche einheimische Arten, die in unseren Gärten
ihren Platz finden können.

Polylektische Wildbienenarten (Pollengeneralisten) zeigen beim Pollensammeln
keine Bindung an bestimmte Pflanzenarten, sie nutzen das jeweils vorhandene
Angebot. Klassische Beispiele sind die Gehörnte Mauerbiene *(Osmia cornuta)* und
die Rostrote Mauerbiene *(Osmia bicornis)*, die zu unseren häufigsten Nisthilfe-
bewohnern zählen.

Im Fokus unserer Bemühungen sollten deshalb Pflanzenarten für die
besonders gefährdeten Pollenspezialisten unter den Wildbienen stehen.
Diese Pflanzen können dann auch die Pollengeneralisten unter den Bienen
nutzen. Besonders wichtige Pflanzenfamilien sind die Korbblütler *(Aste-
raceae)*, die Schmetterlingsblütler *(Fabaceae)*, die Kreuzblütler *(Brassicaceae)*
und die Lippenblütler *(Lamiaceae)*.

Vielfältige Kleinstrukturen

Neben Blütenpflanzen benötigen solitäre Wildbienen verschiedene Kleinstrukturen für den Nestbau. Darin unterscheiden sich die Bedürfnisse der Arten sehr stark. Die etwa 750 Wildbienenarten, die in Deutschland, Österreich, der Schweiz und Liechtenstein bekannt sind, nisten wie folgt:

➤ 50 Prozent nisten im Erdboden,
➤ 3 Prozent nagen ihre Gänge selbst ins Holz oder in markhaltige Pflanzenstängel,
➤ 19 Prozent nutzen bestehende Hohlräume,
➤ 1 Prozent baut Nester aus Harz oder mineralischem Mörtel,
➤ 25 Prozent parasitieren als Kuckucksbienen bei anderen Arten,
➤ bei 3 Prozent ist die Nistweise bislang nicht bekannt.

Manche Arten sind zusätzlich auf spezielle Baumaterialien angewiesen. So benötigen Wollbienen *(Anthidium)* für die Anlage ihrer Brutzellen Pflanzenhaare, die sie vom Ziest, von Strohblumen und anderen Arten abschaben. Die Gewöhnliche Löcherbiene *(Osmia truncorum)* baut Zellzwischenwände und Verschlussdeckel aus Harz. Die Mohn-Mauerbiene *(Hoplitis papaveris)* kleidet ihre Brutzellen ausschließlich mit den Blütenblättern des Klatschmohns aus. Falls die erforderlichen Komponenten nicht auf engstem Raum vorhanden sind, muss die Wildbiene zwischen Nistplatz, Stellen mit geeignetem Nistmaterial und ihren Nahrungspflanzen hin und her pendeln. Das kostet Zeit und Energie. Mit zunehmender Flugdistanz verschlechtert sich der Fortpflanzungserfolg der einzelnen Arten deutlich.

25 Prozent aller Wildbienenarten sind sogenannte Kuckucksbienen, die als Brutparasiten keine eigenen Brutzellen anlegen, sondern ihre Eier in die Nester anderer Wildbienenarten schmuggeln, wo sich die Larven dann entwickeln. Konsequenterweise haben solch parasitisch lebende Arten keinen Pollensammelapparat. Kuckucksbienen können auch in Nisthilfen auftreten, zum Beispiel die Düsterbiene *Stelis breviscula* bei der Gewöhnlichen Löcherbiene *(Osmia truncorum)*.

Schönheiten auf meinem Balkon: Wegwarte *(Cichorium intybus)* und Färberkamille *(Anthemis tinctoria)*
Moschus-Malve *(Malva moschata)*

In der Kürze liegt die Würze

In verschiedenen Studien wurden für solitäre Wildbienen maximale Flugdistanzen zwischen 150 und 2225 m nachgewiesen. Bei einem Großteil der untersuchten Arten lag die maximale Sammelflugdistanz zwischen 300 und 1500 m. Grundlagen der Studien waren Markierungs- und Wiedereinfang-Experimente, zum anderen boten die Wissenschaftler die benötigten Nahrungspflanzen in Töpfen an und entfernten sie schrittweise immer weiter vom Nistplatz. So stellte man fest, dass größere Wildbienenarten in der Regel weitere Strecken zurücklegen als kleinere Arten. Die maximale Flugstrecke legte dabei jeweils nur ein kleiner Teil einer Wildbienen-Population zurück, die meisten Individuen fliegen deutlich kürzere Strecken. Es gibt also wesentlich mehr Kurzstreckenflieger als Langstreckenflieger.

Fliegen ist die energieaufwendigste Form der Fortbewegung, eine Zunahme der Sammelflugdauer geht daher mit einem beschleunigten Alterungsprozess durch »Materialverschleiß« einher. Der Unterschied zwischen einer frisch geschlüpften Wildbiene und einem vier Wochen lang unablässig aktiven, »abgeflogenen« Exemplar mit abgeschabten Haaren und ausgefransten Flügeln ist fast schon erschreckend.

Mit zunehmender Flugdistanz steigt der Zeitaufwand für die Versorgung einer einzelnen Brutzelle deutlich und die Zahl der insgesamt angelegten Brutzellen sinkt. Weil die offenen Brutzellen längere Zeit »unbewacht« bleiben, steigt auch der Befall mit Parasiten, die diese günstige Gelegenheit zur Eiablage nutzen. Um den energetischen Mehraufwand zu kompensieren, lagert die Biene teilweise weniger Pollen in die einzelne Brutzelle ein. Das kann sich negativ auf die Überlebensrate der überwinternden Larven auswirken. Die Bedeutung der Flugdistanz zeigte sich auch in Käfigversuchen mit der Luzerne-Blattschneiderbiene *(Megachile rotundata)*, bei denen sich die Nahrungsquellen unmittelbar neben dem Nistplatz befanden. Unter diesen künstlich optimierten Bedingungen wurden doppelt bis dreimal so viele Brutzellen angelegt als durchschnittlich im Freiland.

21

Bei Zunahme der Flugdistanz um 150 m sank bei manchen untersuchten Wildbienenarten die Anzahl der Brutzellen auf 75 Prozent der sonst im Durchschnitt angelegten Zellen. Etwa 70 Prozent dieser Brutzellen waren parasitiert. Fazit: Je näher Nahrungsquellen und Brutplätze beieinanderliegen, desto höher ist der Fortpflanzungserfolg der Wildbienen.

Hoher Einsatz für den Nachwuchs

Die erforderliche Pollenmenge für eine einzige Brutzelle hängt von der Größe und dem Gewicht der Wildbiene sowie dem Pollenvolumen der Einzelblüte ab. Aufgrund der Pollenkonkurrenz durch andere Blütenbesucher steht einem Wildbienenweibchen in der Regel nur etwa 40 Prozent der maximalen Pollenmenge einer Blüte zur Verfügung. Während zum Beispiel die 2 mm große Scherenbiene *Chelostoma campanularum* den Gesamtpollen von 7 Glockenblumenblüten *(Campanula)* für die Versorgung einer einzelnen Brutzelle benötigt, muss die 63 mg schwere Mörtelbiene *Megachile parietina* hierfür den Pollen von 1140(!) Esparsettenblüten *(Onobrychis)* sammeln.

Vielfältig strukturierte und artenreiche Naturgärten schaffen wertvolle Lebens(t)räume –
auf dem Land ebenso wie in der Stadt. Jeder Quadratmeter zählt.
Selbst ein Balkon kann Refugium für Tiere und Pflanzen sein.

Nisten im leeren Schneckenhaus

Einige spezialisierte Mauerbienenarten *(Osmia andrenoides, O. aurulenta, O. bicolor, O. rufohirta, O. spinulosa, O. versicolor)* legen ihre Brutzellen ausschließlich in leeren Schneckenhäusern an. Diese müssen allerdings frei auf dem Boden liegen. Jede dieser Mauerbienenarten benötigt ganz spezielle Rahmenbedingungen, was Art, Lage und Umfeld des Schneckenhauses angeht. Das Schneckenhaus muss frei beweglich sein, weil es von der Wildbiene oft sehr lange gedreht und in die optimale Position gebracht wird. Schneckenhäuser wahllos zu sammeln, um sie dann als Nisthilfe zum Beispiel im Fach eines Insektenhauses zu stapeln, ist daher für die Bienen nutzlos. Wer in einer Gegend lebt, in der diese Mauerbienen vorkommen, kann sich jedoch daran erfreuen, die Bienen an den im Garten liegen gelassenen Schneckenhäusern zu beobachten.

Einheimische Pflanzen auf kleinstem Raum – meinem Balkon: Aufrechter Ziest *(Stachys recta)*

Natternkopf *(Echium vulgare)*

Wald-Ziest *(Stachys sylvatica)*

Mauer-Zimbelkraut *(Cymbalaria muralis)*

Praktische Tipps für die Bepflanzung

➤ Lückig bewachsene Magerflächen aus Sand, Kies oder Schotter und eine üppig blühende Wildstaudenflora bieten im Garten wertvollen Lebensraum, den vor allem im Erdboden siedelnde Wildbienenarten nutzen können (siehe auch Seite 103).

➤ Doch es braucht nicht immer magerer Boden zu sein: Auch in Gärten mit schweren, lehmigen Böden oder an Sonderstandorten – im Halbschatten, auf der Terrasse, auf dem Balkon – lassen sich ökologisch wertvolle Wildpflanzenbeete anlegen. Das damit einhergehende Angebot an Nektar, Pollen und ein artenreiches Blattfresser-Büfett locken zahlreiche Wildbienen und andere Insekten an.

➤ Der Abstand zwischen Nistplatz und Nahrungspflanzen sollte im Idealfall nicht mehr als 200 – 300 m betragen. Nisthilfen ohne Nahrungsangebot im näheren Umfeld haben keinen praktischen Nutzen und werden daher nicht besiedelt.

➤ Achten Sie auf ein kontinuierliches, artenreiches Angebot einheimischer Blütenpflanzen während der gesamten Vegetationsperiode. Nektar und Pollen sollten möglichst durchgängig zur Verfügung stehen.

➤ Wählen Sie schwerpunktmäßig Pflanzenarten für die Pollenspezialisten aus. Diese Wildbienen sind zum Teil zwingend auf eine einzige Pflanzengattung angewiesen (siehe auch Seite 18). Pollengeneralisten wie die Mauerbienen profitieren dagegen von nahezu jedem Blütenangebot.

Bild rechts: Während der ganzen Vegetationsperiode üppig blühende Flächen sind die Grundvoraussetzung für den Aufbau einer Wildbienenpopulation im eigenen Garten.

Hummel *(Bombus spec.)* beim Abheben von einer Flockenblume *(Centaurea)*

Hummeln: sozial lebende Wildbienen

Die häufig zu lesende Formulierung »Hummeln und Wildbienen« ist etwas irreführend. Hummeln zählen zu unseren einheimischen Wildbienen, allerdings bilden sie im Gegensatz zu den solitär lebenden Arten kleine Sozialstaaten. Die Gegenüberstellung »Hummeln und solitäre Wildbienen« wäre daher korrekter.

Der Bau von Hummelnistkästen ist eine Wissenschaft für sich, mit handwerklichem Geschick aber gut machbar. Da es in diesem Buch ausschließlich um Nisthilfen für solitäre Wildbienen und Wespen geht, verzichte ich hier auf umfangreiche Bauanleitungen. In guter Qualität sind fertige Hummelnistkästen auch im Handel erhältlich. Auf Seite 157 finden Sie Bezugsquellen und Hinweise zur weiteren Information.

Die maximale Volksstärke eines Hummelvolkes schwankt je nach Art zwischen 50 und 600 Individuen. In Deutschland sind 41 Arten als einheimisch bekannt, davon 9 Arten Kuckuckshummeln, die bei anderen Hummelarten schmarotzen. Wie alle Wildbienen sind Hummeln geschützt. In Deutschland stehen bereits 16 Arten auf der Roten Liste, 3 Arten sind ausgestorben. Die scheinbar so typische Farbgebung der Hummeln täuscht eine einfache Artbestimmung vor. Gerade die Zeichnung des

Hummelhinterleibs kann jedoch sehr variabel sein und den Anfänger bei der Bestimmung verzweifeln lassen. Die häufig sehr salopp gehandhabten Artbestimmungen im Internet sind daher immer mit einer gewissen Vorsicht zu genießen.

Aufgrund ihres Gewichts, ihrer Kraft und ihres langen Rüssels können Hummeln auch Nektarquellen erreichen, die für andere Wildbienen sowie die Honigbiene unzugänglich sind. Rotklee wird beispielsweise fast ausschließlich von langrüsseligen Hummelarten bestäubt. Auch der Pollen vieler Nachtschattengewächse (wie Tomate, Kartoffel, Stechapfel, Tollkirsche) und Borretschgewächse (wie Borretsch, Ochsenzunge) kann nur durch eine spezielle Sammeltechnik geerntet werden, die nur die Hummeln beherrschen, das sogenannte Vibrationssammeln (»buzzing«): Dazu hängt sich die Hummel an eine Blüte und lässt die Flugmuskulatur vibrieren, ohne dabei aber die Flügel zu bewegen. Bildlich gesprochen gibt sie Vollgas bei gleichzeitig getretener Kupplung. Durch diese Vibrationen der Flugmuskulatur wird der Pollen aus den Staubbeuteln herausgeschüttelt und von der starken Behaarung der Hummel aufgefangen.

Mithilfe der Flugmuskulatur kann eine Hummel ihre Körpertemperatur im Thoraxbereich bei 35 °C konstant halten und ist damit weitgehend unabhängig von der Außentemperatur. Bereits ab 4 °C sind die Tiere aktiv und können in kalten Schlechtwetterphasen einen Großteil der Bestäubung übernehmen, während andere Wildbienen und die Honigbiene bei solchen Temperaturen keinen Fuß vor die Türe setzen. Die am weitesten im Norden vorkommende Hummelart *Bombus polaris* kann daher sogar in Kanada und Alaska überleben.

Je nach Art nisten Hummeln an sehr unterschiedlichen Plätzen: in Ritzen von Trockenmauern und Steinhaufen, in Vogelnestern, Baumhöhlen und Eichhörnchenkogeln, in verlassenen Mäusebauen, in Moospolstern und im Siedlungsraum auch in Schuppen, Kellern und auf Dachböden. Einige anspruchslosere Arten wie die Steinhummel (*Bombus lapidarius*), die Ackerhummel (*Bombus pascuorum*) oder die Wiesenhummel (*Bombus pratorum*) besiedeln auch gerne spezielle Hummelnistkästen. Diese Nisthilfen ermöglichen faszinierende Beobachtungen und können das Interesse an Hummeln wecken, seltene und gefährdete Arten lassen sich mit diesen Nisthilfen allerdings eher nicht fördern.

Nisten im Hohlraum

Etwa 19 Prozent unserer einheimischen Wildbienen legen ihre Brutzellen in bereits bestehenden Hohlräumen an, etliche dieser Arten siedeln auch gerne in künstlichen Nisthilfen. Dieses Nistangebot besteht in der Regel aus hohlen Pflanzenstängeln, Pappröhrchen, Hartholz mit Bohrungen, Nisthilfen aus gebranntem Ton und Strangfalzziegeln. Pflanzenhalme werden meist am schnellsten besiedelt, gefolgt von Bohrungen im Hartholz. Nisthilfen aus Ton werden zu Beginn etwas zögerlich, auf lange Sicht aber ebenfalls komplett besiedelt.

Sie können einzelne dieser Komponenten anbieten oder alle. Nicht die Vielfalt an Materialien ist entscheidend, sondern immer die saubere Verarbeitung. Ob eine Nisthilfe besetzt ist, erkennt man an den Verschlussdeckeln, die die einzelnen Bruträhren nach außen hin abschließen.

Hartholzblock mit Bohrlöchern

Das Vorbild für Hartholz mit Bohrlöchern sind verlassene Fraßgänge von Käferlarven im Totholz. Der Lebensraum Totholz zeichnet sich – ungeachtet seines Namens – durch eine enorme Artenvielfalt aus, die vor allem Pilze und Käfer dominieren. Allein in Mitteleuropa sind etwa 1400 Käferarten in ihrer Lebensweise eng an Totholz gebunden. Für solitäre Wildbienen und Wespen sind vor allem solche Totholzbewohner interessant, deren Larven Gänge in das Holz nagen, beispielsweise die Bockkäfer. Nach dem Schlüpfen der Käfer bieten die verlassenen Fraßgänge einen begehrten Nistraum für viele Nachmieter. Solche Hohlraumbesiedler unter den solitären Wildbienen und Wespen zählen zu den häufigsten Arten in unseren Nisthilfen. Dazu gehören unter anderem die Rostrote Mauerbiene *(Osmia bicornis),* die Gehörnte Mauerbiene *(Osmia cornuta),* die Hahnenfuß-Scherenbiene *(Osmia florisomne)* und die Gewöhnliche Löcherbiene *(Osmia truncorum)* sowie die entsprechenden Parasiten.

Bild links: Künstliche Nisthilfen (rechts) ersetzen Käferlarvenfraß-gänge im Totholz (links), wie sie in der Natur besiedelt werden. Der Nutznießer sitzt in der Mitte.

Die hohe Kunst des Löcherbohrens

Zum Abstreifen des gesammelten Blütenpollens aus der Bauchbürste kriecht die Wildbiene rückwärts in ihren Nistgang. Bei diesem Rückwärtseinparken würde jeder Holzsplitter, der in den Nistgang ragt, die Flügel aufschlitzen und irreversibel beschädigen, was letztendlich einem Todesurteil für die Wildbiene entspräche. Solitäre Wildbienen und Wespen meiden solche Gänge daher instinktiv. Absolut saubere, splitterfreie und faserfreie Bohrungen in Hartholz sind daher das A und O bei dieser Form der Nisthilfe.

Gebohrt wird immer in das Längsholz, also mehr oder weniger im rechten Winkel zur Holzfaser. Zum Bohren sollten möglichst hochwertige, neue, scharfe Bohrer verwendet werden. Die qualitativ besten Bohrer gibt es in der Regel nicht im Baumarkt, sondern direkt beim Hersteller. Holzbohrer mit einer Zentrierspitze ermöglichen saubere Bohrungen, ohne dass die Bohrmaschine versehentlich abrutscht. HSS-Bohrer (Metallbohrer) sind zwar nahezu unverwüstlich, Bohrungen im Holz reißen damit aber leichter aus.

Bohren in Hartholz artet generell irgendwann in ernste Arbeit aus. Der Einsatz eines Bohrständers erspart hier Zeit, schont Nerven und Bandscheiben. Die Bohrmaschine wird fest in einem Ständer eingespannt, diese Fixierung ermöglicht exakt senkrechte Bohrungen mit einer vorgegebenen Tiefe. Ein versehentlicher Durchbruch auf die andere Seite lässt sich dadurch vermeiden. Geradezu traumhaft wäre der Einsatz einer stationären Säulenständerbohrmaschine, wie sie in Schreinereien und Schlossereien verwendet wird. Falls die Bohrerlänge die Holzdicke überschreitet, sollte man einen Abstandhalter an der Bohrmaschine verwenden oder die maximale Bohrtiefe mit Klebeband am Bohrer markieren, um einen Durchbruch zu verhindern. Auch bei Verwendung eines Bohrständers muss die Bohrtiefe der Dicke des Holzblocks angepasst werden.

Ideal ist der Einsatz mehrerer Bohrmaschinen im Wechsel, weil sich die Bohrer im Hartholz stark erhitzen. Vor allem dünne Bohrer brechen dann rasch ab. Während des Bohrens sollte man die Bohrmaschine alle 2 – 3 cm leicht hochziehen, um die Bohrspäne aus dem Loch zu entfernen. Gegebenenfalls muss auch die Wendel des Bohrers von Spänen befreit werden, am besten mit einer Messing- oder Kupferdrahtbürste. Ansonsten fängt es irgendwann an zu qualmen und die Gänge verschmoren im Inneren. Das passiert auch bei der Verwendung stumpfer Bohrer oder bei zu starkem Druck auf die Bohrmaschine. Derartig angesengte Gänge werden nur relativ zögerlich besiedelt. Die verwendetet Drehzahl beim Bohren ist häufig zu hoch, sie sollte unter 800 Umdrehungen pro Minute liegen.

Eine streng symmetrische Anordnung der Bohrlöcher ist mitunter nicht nur langweilig, sondern erschwert den Bienen zusätzlich die Orientierung beim Anflug. Weil sie sich beim Anflug optisch orientieren (im Nahbereich dann geruchlich), ist das Finden des »richtigen« Nisteingangs bei der unnatürlich hohen Besatzdichte, die eine Nisthilfe mit sich bringt, gar nicht so einfach. In kreativen und witzigen Mustern angeordnete Bohrlöcher erfreuen daher Betrachter und Wildbiene und bringen etwas Humor in die Materie.

Nach Fertigstellung sämtlicher Bohrlöcher wird der Holzklotz mit den Bohrungen nach unten auf einer harten Unterlage ausgeklopft, um die Bohrspäne zu entfernen. Mit Pfeifenreinigern oder Düsenbürstchen lassen sich auch die letzten Reste aus den Bohrlöchern holen.

Abschließend wird die Oberfläche geschliffen, entweder mit einem Schleifblock, einem Bandschleifer, Schwingschleifer oder einem Exzenterschleifer. Letzte Unebenheiten und Holzfasern am Locheingang werden damit entfernt. Widerspenstige Holzfasern können mit einem Stück eng zusammengerollten, feinkörnigen Schleifpapier eines Besseren belehrt und entfernt werden.

Diese praktischen Tipps stammen von Reinhard Molke, der inzwischen auf einen umfangreichen Erfahrungsschatz zurückblicken kann. Er hat sich beim Bau seiner »Wibinihis« aus alten Eichenbalken (siehe Seite 41) zu einer echten Koryphäe, genauer gesagt zu einer »Bohryphäe« entwickelt.

Hartholzblock mit Bohrlöchern

- Holzarten: ausschließlich Hartholz mit einer Darrdichte (Rohdichte bei 0 % Feuchtigkeit) über 550 kg / m³ beziehungsweise 0,55 g / cm³, zum Beispiel: Ahorn (600), Apfel (730), Birke (640), Birne (680), Eiche (660), Esche (640, zäh, kaum Rissbildung, besonders gut geeignet), Hainbuche (720), Hasel (610), Kastanie (650), Pflaume (750), Rotbuche (680), Ulme (600). **Kein** Nadelholz (Harzbildung)!
- Holzqualität: Holzblöcke, ein bis zwei Jahre alt, abgelagert, sorgfältig getrocknet, entrindet, unbehandelt (weder kesseldruckimprägniert noch geölt noch mit chemischen Holzschutzmitteln behandelt)
- Maße des Holzblocks: Höhe und Breite beliebig, Tiefe 10 – 20 cm
- Bezugsquellen für Holz: Hier ist Fantasie gefragt. Unter anderem empfiehlt es sich, bei Sägewerken und Schreinereien nachzufragen. Manche Schreiner haben Restekisten, die gegen eine Spende für die Kaffeekasse geplündert werden können. Auch Dielenreste oder Bretter sind hervorragend geeignet, hier wird natürlich in die Schmalseite gebohrt. Firmen für Holzzuschnitt und Kaminholz findet man auch im Internet, Suchbegriff kann zum Beispiel die Holzsorte sein (Buche, Esche, Eiche ...), aber auch Begriffe wie »Holz«, »Restholz«, »Kantholz« oder »Kaminholz« können Treffer liefern.
- Material fürs Dach: Wellblech, Aluminiumblech, dicke Borke, Schilfrohrmatte, Plexiglas, Stegdoppelplatten, Dachschindeln, Recyclingmaterial, zum Beispiel alte Radkappen, halbierte Kanister und Ähnliches
- Material zum Befestigen oder Aufhängen
- Werkzeug:
  - ❖ Bandsäge (oder sägen lassen)
  - ❖ Bohrmaschine(n), möglichst mehrere, die mit unterschiedlichen Bohrern versehen und abwechselnd genutzt werden können
  - ❖ möglichst gehärtete Bohrer 2 – 9 mm (doppelter Satz, falls die Bohrer zu heiß werden und brechen), notfalls eignen sich auch normale Holzbohrer
  - ❖ Schleifgerät oder Schleifblock, Schmirgelpapier
  - ❖ zum Entfernen der Späne: Pfeifenreiniger, Düsenbürstchen, Schrauben

Lochdurchmesser

Die Körpergröße solitärer Wildbienen und Wespen ist artspezifisch. Sie besiedeln Löcher, in die sie gerade noch knapp hineinschlüpfen können, das minimiert den Materialverbrauch:

➤ Maskenbienen, solitäre Wespen: 2 – 4 mm Durchmesser
➤ Löcherbienen: 2 – 4 mm Durchmesser
➤ Scherenbienen: 3 – 5 mm Durchmesser
➤ Rostrote Mauerbiene: 5 – 7 mm Durchmesser
➤ Blattschneiderbienen: 5 – 7 mm Durchmesser
➤ Gehörnte Mauerbiene: 6 – 9 mm Durchmesser

Sinnvoll sind deshalb Durchmesser zwischen 2 und 9 mm, größere Gänge bleiben meist unbesiedelt. Durchmesser von 3 – 6 mm sollten mengenmäßig dominieren, weil häufig gerade diese engeren Gänge Mangelware an unseren Nisthilfen sind.

Gangtiefe

Aus rein praktischen Gründen bietet sich für jeden Lochdurchmesser die Länge des Standardbohrers als Gangtiefe an. Mit zunehmender Gangtiefe verschiebt sich bei einigen Wildbienenarten das Geschlechterverhältnis zu Gunsten der Weibchen, zum Beispiel bei Luzerne-Blattschneiderbiene und Rostroter Mauerbiene. Diese Aussage lässt sich aber nicht verallgemeinern, und mit einer Gangtiefe von 8 – 10 cm sind Sie auf der sicheren Seite.

Um den Holzblock möglichst optimal auszunutzen, kann man auch mehr als eine Seitenfläche mit Bohrungen versehen, bei dicken Blöcken auch alle vier Seiten. Natürlich dürfen sich die Bohrungen im Inneren des Holzklotzes dann nicht kreuzen! Hans-Jürgen Martin bietet hierfür eine Bauanleitung inklusive Bohrschablone auf seiner Website an, siehe Hinweise Seite 157.

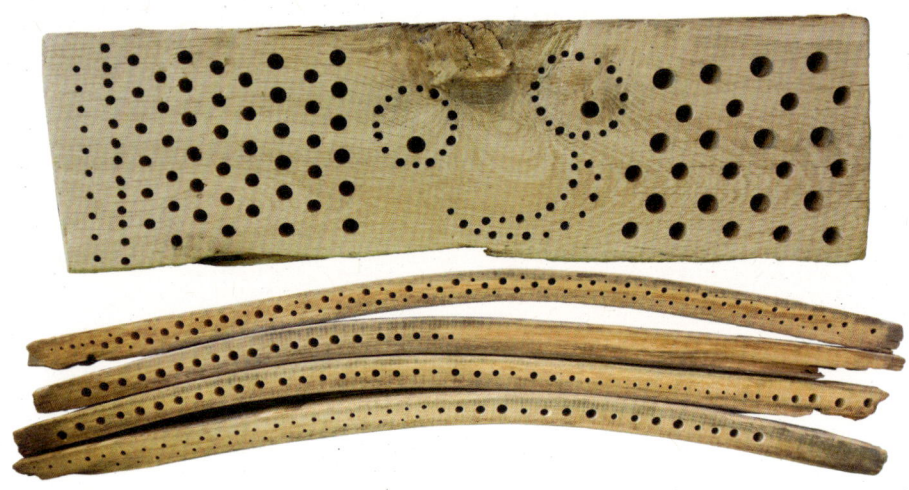

Bei Hartholzdielen oder Fassdauben bohrt man in die Schmalseite der Bretter, Hartholzklötze können in beliebiger Größe verwendet werden.

Größe des Holzblocks

Ihrer Fantasie und Kreativität sind bei der Wahl der äußeren Form keinerlei Grenzen gesetzt. Entscheidend für den Bruterfolg sind ausschließlich Lochdurchmesser und Gangtiefe. Größe und Form des Holzblocks sind dagegen irrelevant.

Dach

Zum Schutz vor Regen kann der Holzblock oben abgeschrägt und mit einem kleinen Dach versehen werden, zum Beispiel einem Holzbrettchen, Aluminiumblech oder einer Kunststoffschindel. Ein Dach aus Plexiglas schützt vor Feuchtigkeit und lässt zugleich die Sonne durch.

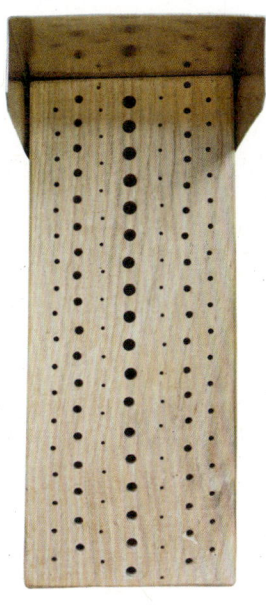

Hartholzklötze mit sauberen Bohrungen werden von den Wildbienen problemlos und rasch besiedelt und halten Jahrzehnte. Die Variante links kombiniert Hartholz mit Pflanzenstängeln und gebranntem Ton.

Alte Hartholzdielen (rotbraunes Holz) mit Bohrungen in den Schmalseiten

Nisthilfen von Reinhard Molke

Naturgärtner Reinhard Molke baut Eichenbalken aus alten Fachwerkhäusern in perfekt verarbeitete und kreativ-pfiffig gestaltete Nisthilfen für Wildbienen um, die »Wibinihis«. Die nachfolgende Fotodokumentation zeigt die einzelnen Schritte während des Baus.

1: Aller Anfang ist nicht zwangsläufig schön.

2: Die einleitende, umfangreiche Nagelmaniküre mit Geißfuß und Beißzange

3: Mit der Kettensäge wird eine Balkenseite begradigt.

4: Das neue Gesicht der künftigen Frontseite

Bild links: »Wibinihis« (Wildbienennisthilfen) von Reinhard Molke.
Qualitativ hochwertiger kann man als Wildbiene beim besten Willen nicht nisten.

5: Säuberung der restlichen drei
Seiten mit der Drahtbürste.

6: Grobschliff mit dem Bandschleifer,
mit Mund- und Gehörschutz.

7: Feinschliff mit dem Exzenterschleifer: glatt wie ein Babypo!

8: Skizzieren der Muster für die Bohrungen

9: Anpassen der Winkeleisen
zur späteren Befestigung

11: Befestigung der Winkeleisen

10: Bohren der Löcher für die Schrauben

12: Mehrere Bohrmaschinen, im Wechsel eingesetzt, verhindern das Überhitzen der Bohrer.

13: Eiche gehört zu den Harthölzern, das merkt man spätestens jetzt beim Bohren.

14: Mit einem Staubsauger wird der größte Teil des Bohrmehls aus den Bohrlöchern entfernt.

15: Die Frontseite wird ein letztes Mal glatt geschliffen.

17: Letzte Holzfasern werden mit einem kleinen Stück aufgerolltem Schleifpapier entfernt.

16: Mit einem feinen Bürstchen wird jedes(!) Bohrloch sorgfältig gesäubert.

19: Die Schnittkanten werden mit einer Eisenfeile entgra[t]

18: Der als Hut vorgesehene Blechtopf wird mit der Flex halbiert.

20: Feinschliff mit Sandpapier

21: Erste Hutprobe

22: Fixieren des Hutes mit Schrauben

23: Der Meister Reinhard Molke
und sein vollendetes Werk

Ast und Stamm mit Bohrlöchern

Scheibenförmige Abschnitte von Baumstämmen mit teilweise beeindruckenden Durchmessern und Tausenden von Bohrungen an der Stirnseite gehören zu den beliebtesten Komponenten in Nistanlagen. Leider decken sich Ästhetik und Praxistauglichkeit hier in der Regel nicht, weil sich häufiger als bei anderen Holzelementen Risse bilden, die eine Besiedelung verhindern können.

Die in den Bohrungen angelegten Brutzellen der Wildbienen bilden ein abgeschlossenes System, das durch den äußeren Verschlussdeckel bis zu einem gewissen Grad vor Parasiten geschützt ist. Risse im Holz setzen diesen natürlichen Schutzmechanismus außer Kraft. Sowohl Parasiten als auch Feuchtigkeit und einer nachfolgenden Verpilzung sind somit Tür und Tor geöffnet. Man nimmt an, dass das Wissen um diesen Zusammenhang im Erbgut der solitären Wildbienen und Wespen verankert ist und die Tiere aus diesem Grund Gänge mit Rissen bewusst meiden. Eine Ausnahme sind hier die Mauerbienen. Vor allem die Rostrote Mauerbiene ist bei der Wahl ihres Nistplatzes äußerst flexibel und nutzt häufig sogar sehr wenig geeignete Nistmöglichkeiten.

Statt Stammscheiben sollten besser ganze oder gespaltene Stämme mit Bohrungen quer zur Holzfaser verwendet werden, die in besonnter Lage oder im Wildbienenhaus aufgestellt werden. Die Anbringung an einer wettergeschützten, sonnigen Hauswand ist optimal. Bohrungen im Längsholz reißen auch bei engem Abstand der Löcher kaum und bleiben jahrelang einsatzfähig.

Für diese Bohrlöcher gilt dasselbe wie für Löcher in Hartholzblöcken (siehe ab Seite 34): Ihr Durchmesser beträgt zwischen 2 und 9 mm und sie müssen hinten geschlossen sein, das heißt, das Holz darf nicht durchbohrt werden. Man sollte auch darauf achten, dass sich die Gänge im Holz nicht kreuzen.

Bei Holzarten mit dünner, glatter Borke (zum Beispiel Buche, Zierkirsche), die beim Bohren saubere Locheingänge ermöglicht, kann die Borke am Holz bleiben und durchbohrt werden. Bei Holzarten mit sehr

Bild links: Gespaltener Baumstamm mit Bohrlöchern quer zur Holzfaser – ein wahres Prachtstück!

47

rauer und fasernder Borke, die saubere Bohrungen fast unmöglich macht (zum Beispiel Eiche), sollte man die Borke entfernen und den Stamm außen mit einem Schleifgerät glatt schmirgeln (siehe Seite 35). Solche Stämme kann man auch mit einer Kettensäge oder Bandsäge längs halbieren. Dann bohrt man in die Schnittfläche des halbierten Stammes und kann die Borke daran lassen.

Besonders für dicke Stämme bietet sich Längshalbieren auch generell an. Mit der flachen Seite lassen sich die Stammhälften dann gut an einer Hauswand befestigen. In diesem Fall bohrt man die Löcher natürlich in die Außenseite des Stammes und entfernt gegebenenfalls die Borke.

Als Dach zum Schutz vor der Witterung können Plexiglas, Aluminiumblech, Dachschindeln und Ähnliches verwendet werden.

Tipp So gelingt eine schonende Trocknung und Ablagerung von Holz: Dicke Stämme sollte man bereits vor dem Trocknen der Länge nach spalten. Das Holz sollte an einem vor der Witterung geschützten Platz ohne direkte Sonneneinstrahlung gelagert werden. Die Trocknungszeit beträgt 1 bis 2 Jahre.

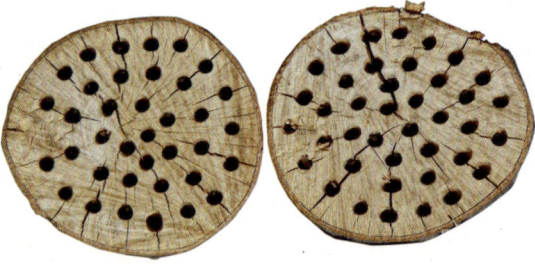

Fast alle Bohrgänge sind hier durch die extreme Rissbildung unbrauchbar für Wildbienen.

Ast und Stamm mit Bohrlöchern

Das wird gebraucht – Material und Werkzeug

- Holzarten und Holzqualität: wie für Hartholzblock, siehe Seite 36
- Maße des Holzabschnitts: 30 – 100 cm lang, Stammdurchmesser ab 15 cm
- Material fürs Dach und zum Befestigen: wie für Hartholzblock, siehe Seite 36
- Werkzeug: wie für Hartholzblock, siehe Seite 36

Rissbildung im Holz vermeiden

Generell sind Nisthilfen umso erfolgreicher, je mehr sie ihren natürlichen Vorbildern gleichen. In diesem Fall sind Käferfraßgänge das Vorbild für die Bohrungen. Diese Fraßgänge münden immer außen am Baumstamm. Das Hirnholz (Stirnholz), also die Jahresringe, die bei einer geschnittenen Baumscheibe sichtbar sind, liegt in der Natur nur dann frei, wenn der Baum durch einen Sturm abgebrochen ist. Wildbienen besiedeln primär den waagerechten Anteil der Gänge, also diejenigen, die mehr oder weniger im rechten Winkel zu den Holzfasern verlaufen.

Bei einer Stammscheibe sind alle Fasern und Wasserleitungselemente angeschnitten. Bei feuchter Witterung ziehen diese Fasern Luftfeuchtigkeit – Wassertransport war schließlich ihre ursprüngliche Funktion – und das Holz quillt. Je größer der Durchmesser der Stammscheibe ist und je schneller die Trocknung erfolgt, desto ungleichmäßiger ist die Feuchtigkeitsverteilung und desto stärker werden die Spannungen im Holz. Diese Spannungen führen zur Rissbildung, die über Jahre hinweg fortschreiten kann. Daher ist auch bei senkrecht stehenden Holzstämmen ein kleines Dach als Schutz vor Feuchtigkeit sinnvoll.

Suboptimal getrocknete, große Stammscheiben sind daher für eine Nisthilfe weitgehend ungeeignet. Dort findet meist nur eine Teilbesiedelung statt, unter ungünstigen Bedingungen – zum Beispiel bei Bohrlöchern mit Splittern und Fasern – kann sie auf fast Null absinken. Eine befriedigende Besiedelung von Bohrungen im Hirnholz versprechen nur langsam getrocknete Äste mit Durchmessern von wenigen Zentimetern.

Bei quer zur Faser angebohrten, geschliffenen Holzklötzen, Balken oder relativ dünnen Holzstämmen ist die Rissbildung viel geringer. Außerdem fasern Bohrungen parallel zur Holzfaser sehr leicht, quer zur Faser sind die Bohrlöcher in der Regel sauberer.

Daher sollten als Nisthilfen für Wildbienen generell nur langsam getrocknete und gut abgelagerte Hölzer verwendet werden. Gut abgelagertes Holz verändert sich in der Folge kaum noch, sein Volumen vergrößert und verkleinert sich nur minimal und es entstehen keine weiteren Trocknungsrisse.

Hohle Pflanzenstängel

Hohlraumbewohner unter den solitären Wildbienen und Wespen siedeln auch gerne in hohlen Pflanzenstängeln, wie Bambus, Schilf oder Strohhalmen. Der Bau von Nisthilfen mit diesem Material ist relativ unkompliziert.

Pflanzenstängel als Baumaterial

Gut geeignet zum Bau von Nisthilfen sind Bambus, Schilfhalme, Schilfrohrmatten und Naturstrohhalme. Einige Bezugsquellen finden Sie ab Seite 154. Darüber hinaus kann generell jede Pflanzenart mit hohlen Stängeln auf ihre Tauglichkeit für den Bau von Nisthilfen hin getestet werden. Ungeeignet sind dabei dünne und brüchige Pflanzenstängel.

Bambus

Bambus ist sehr hart und nahezu unverwüstlich. Manchmal ist es möglich, Bambushalme gratis von Nachbarn zu bekommen, denn in vielen Gärten wird er gerne als Zierpflanze verwendet. In Form von Pflanzstäben findet man ihn in Baumärkten und Gartencentern. Außerdem gibt es etliche Firmen, die sich auf Bambus spezialisiert haben. Bambus lässt sich leichter verarbeiten als Schilf, weil er beim Sägen nicht zum Splittern neigt. Parasitische Wespen, die die Stängel durchnagen, um ihre Eier in den Brutzellen der Bienen abzulegen, haben beim harten Bambus eher schlechte Karten.

Schilfhalme

Schilfhalme sind spröder und zerbrechlicher als Bambus, dafür bekommen wir sie gratis, wenn wir sie zum Beispiel am Rand von Gewässern selbst sammeln. Mehrstündiges Einweichen in Wasser vor dem Schneiden ist sehr empfehlenswert. Wer keine Zeit fürs Suchen und Sammeln verwenden möchte und gleich mit dem Bauen durchstarten will, kann Schilfhalme auch kaufen, die angebotene Qualität ist sehr gut.

Bild links: In diesen Bambushalmen macht eine Blattschneiderbiene ihrem Namen alle Ehre.

Schilfrohrmatten

Schilfrohrmatten werden meistens als Sichtschutz eingesetzt und sind in jedem Baumarkt erhältlich. Beim Kauf sollten Sie unbedingt auf gute Qualität achten, das heißt auf intakte, saubere, 2 – 9 mm dicke Halme. Zunehmend werden Matten aus dünnen, zerquetschten und aufgeschlitzten Halmen angeboten. Diese sind als Nisthilfe für Wildbienen völlig ungeeignet.

Der Vorteil solcher Matten ist die Verbindung der einzelnen Schilfhalme durch Draht. Mit einer Kreissäge, Bandsäge oder einer scharfen, feinzahnigen Handsäge wird die entrollte Matte quer zu den Halmen in Streifen von 30 – 40 cm Breite gesägt, sie kann auch mit einer sehr scharfen Gartenschere zugeschnitten werden. Diese Streifen werden im Anschluss wieder aufgerollt, mit Draht oder Schnur fixiert und in der Nisthilfe platziert. Ganz entscheidend sind auch hier saubere Schnittkanten. Durch die unterschiedliche Lage der Stängelknoten im Halm, die wie eine natürliche Trennwand wirken, variiert die Länge des nutzbaren Hohlraums im Stängelinneren. Häufig werden solche Rollen sogar von beiden Seiten besiedelt.

Naturstrohhalme

Naturstrohhalme werden aus Getreidehalmen hergestellt, häufig aus Roggen. Wer zur Getreideernte also Zeit und Lust hat, kann einen Landwirt danach fragen und sich direkt an der Quelle versorgen. Die Qualität der im Handel erhältlichen Strohhalme variiert stark, hier heißt es ausprobieren. Bei einem sehr preisgünstigen Angebot ohne Bild im Internet bekam ich einmal zu meiner »freudigen« Überraschung platt gebügelte Halme für das Basteln von Strohsternen geliefert. Strohhalme lassen sich leicht verarbeiten und werden sehr gerne von Löcherbienen besiedelt. Achtung: Plastiktrinkhalme sind nicht atmungsaktiv, sodass die Bienenbrut in ihnen verpilzt. Daher sollte dieses Material auf keinen Fall verwendet werden.

Hohle Pflanzenstängel

Das wird gebraucht –
Material und Werkzeug

- Stängel, Halme, Röhrchen: zum Beispiel Bambus, Schilfhalme, Schilfrohr-matten, Naturstrohhalme – generell können alle hohlen Pflanzenhalme getestet werden.
- Material zum Bündeln: Schnur aus Sisal oder Hanf, Kabelbinder
- Material zum Verschließen: Gips, Bienenwachs, Ton, unbehandelte Watte
- Material zum Fixieren im Gefäß: Gips, Spachtelmasse, Bienenwachs
- Gefäße
- Material zum Aufhängen oder Aufstellen des Gefäßes: Draht, Bilderaufhänger
- Werkzeuge:
  - ❖ Bandsäge, Dekupiersäge
  - ❖ scharfe Gartenschere
  - ❖ lange Schrauben, Bohrer, Pfeifenreiniger, Düsenbürstchen
  - ❖ Sandpapier
  - ❖ gegebenenfalls Heißklebepistole

Durchmesser der Stängel

Der Innendurchmesser der Stängel sollte 2 – 9 mm betragen. Der Schwerpunkt sollte bei den kleineren Durchmessers von 3 – 6 mm liegen, dort siedelt ein Großteil unserer einheimischen Arten. Stängel mit einem Innendurchmesser von über 1 cm sind ungeeignet und werden kaum besiedelt. Lediglich die sehr flexiblen Mauerbienen nehmen bei Nistraummangel ein solches Angebot an. Allerdings bedeutet es einen hohen Mehrverbrauch an Baumaterial für die Zwischenwände, und der Zeitaufwand für den Bau jeder Brutzelle steigt. Das reduziert die maximal mögliche Gesamtzahl an Brutzellen, die die Biene in ihrer Lebenszeit anlegen kann, und damit die Anzahl der Nachkommen.

Stängel zuschneiden

Wer die Möglichkeit hat, beim Zuschneiden der Stängel eine elektrische Bandsäge oder eine Dekupiersäge zu verwenden, kann sich viel Zeit und Mühe sparen und erhält ohne großen Aufwand saubere Schnittkanten. Eine feinzahnige Handsäge funktioniert natürlich ebenfalls. Oft kann es helfen, die Stängel über Nacht in Wasser einzuweichen. Dadurch werden sie geschmeidiger, lassen sich im Anschluss deutlich einfacher sägen und splittern dabei nicht so leicht. Allerdings sollte das feuchte Pflanzenmaterial anschließend getrocknet werden, bevor es im Garten angebracht oder ins Wildbienenhaus gelegt wird.

Stumpfe Gartenscheren quetschen die Halme und bringen sie zum Splittern, sie sind daher nicht geeignet. Nur neue, noch sehr scharfe Gartenscheren können bei Schilfrohrmatten beim Zuschneiden helfen. Auch Naturstrohhalme lassen sich mit einer scharfen Schere schneiden, sie sind elastisch genug, um das Quetschen beim Schneiden zu überstehen.

Damit die Stängel innen komplett frei sind, entfernt man nach dem Zuschneiden das eventuell noch vorhandene innere Mark und lose Blatthäutchen mit einer langen Schraube, Bohrern, Pfeifenreinigern oder einem Düsenbürstchen. Dieser letzte Schritt wird, abhängig vom erforderlichen Aufwand, teilweise auch von den Wildbienen selbst durchgeführt, aber eben nicht immer.

Unsaubere Schnittkanten sollten unbedingt noch mit Sandpapier geglättet werden, damit die Flügel der Insekten nicht durch Splitter und querstehende Fasern gefährdet werden.

Stängel verschließen

Durchgehend offene Röhren werden fast nur von Mauerbienen besiedelt, die bei der Wahl ihres Nistplatzes allgemein sehr flexibel sind. In der Regel besiedeln die Insekten Stängel, die an einer Seite verschlossen sind oder hinten an einer geraden Fläche anstoßen. Am einfachsten ist es daher, die Halme unmittelbar hinter einem Stängelknoten abzuschneiden, der somit als Verschluss wirkt. Falls der Knoten in der Stängelmitte liegt, kann der

Halm von beiden Seiten besiedelt werden, das funktioniert beispielsweise bei gebündelten Bastmatten sehr gut. Auch unbehandelte Watte, Bienenwachs oder Ton und Lehm eignen sich zum Verschließen offener Stängel.

Werden die Stängel in einem Behälter, zum Beispiel in einer Kaffeedose, angeboten, drückt man sie am besten in eine dünne Schicht flüssigen Gips oder Bienenwachs am Boden des Gefäßes (siehe Seite 61). Dadurch werden sie sowohl verschlossen als auch in ihrer Position fixiert und Vögel können die einzelnen Halme nicht herausziehen. Denn Meisen und Spechte ziehen lose Strohhalme mit Begeisterung aus Nisthilfen, um sie aufzuschlitzen und sich das leckere Insektenlarven-Protein einzuverleiben. Fixierte Halme erschweren den Vögeln die Nahrungssuche und es überleben mehr Wildbienen in der Nisthilfe (siehe auch Seite 125).

Stängel unterbringen

Gebündelte Halme und Stängel können in einer Nisthilfe gestapelt werden. Zum Bündeln eignen sich Schnur aus Sisal oder Hanf, Draht oder Kabelbinder. Auch leere Konservendosen, Tonröhren oder zugeschnittene Plastikrohre eignen sich, um die Pflanzenstängel darin unterzubringen. Letztendlich kann beinahe jedes beliebige Gefäß dafür verwendet werden, gegebenenfalls fixiert man die Halme mit einer dünnen Schicht Gips oder Bienenwachs (siehe ab Seite 61).

Die Stängel werden auf die entsprechende Länge, die der Tiefe des Gefäßes entspricht, zugeschnitten und dicht an dicht in das Gefäß gepackt. Durch die Kombination von Halmen mit verschiedenen Durchmessern lassen sich optische Muster kreieren. Das sieht pfiffig aus und erleichtert den Insekten die Orientierung beim Anflug. Auch Stängel unterschiedlicher Länge, die aus dem Gefäß oder Bündel hervorstehen, erleichtern den Bienen einen zielsicheren Anflug.

Tipp Hohle Pflanzenstängel lassen sich als Nisthilfe in beinahe jeden passenden Hohlraum stecken, zum Beispiel auch in einer Mauer aus Natursteinen oder Ziegelsteinen.

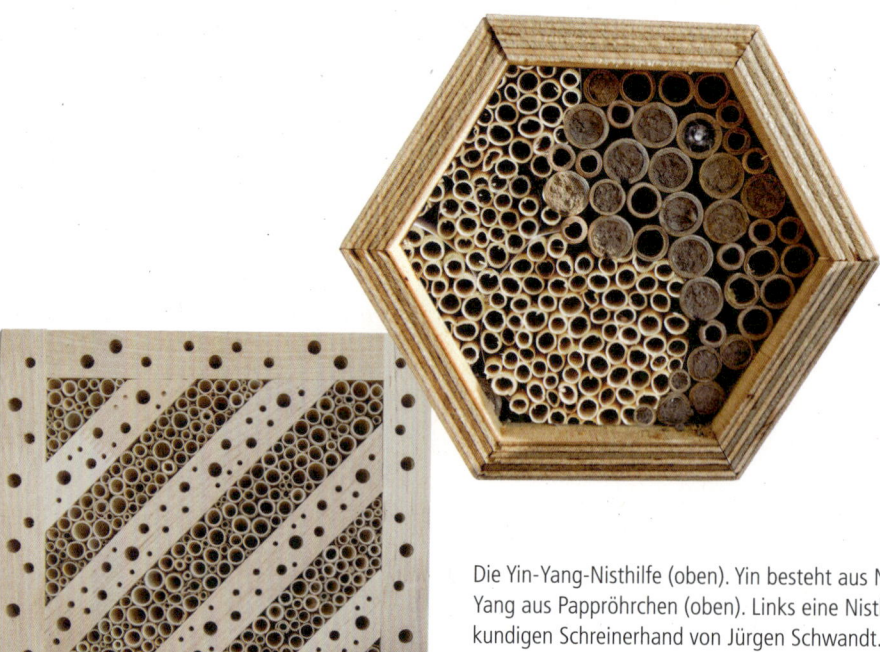

Bambus lässt sich aufgrund der dicken Wand und seiner Härte sehr gut schneiden, ohne zu splittern.

Die Yin-Yang-Nisthilfe (oben). Yin besteht aus Naturstrohhalmen, Yang aus Pappröhrchen (oben). Links eine Nisthilfe aus der kundigen Schreinerhand von Jürgen Schwandt.

Diese malerische Nisthilfe besteht aus einem Holzbrett, dem abdeckenden
Borkenstück und einer Füllung aus Naturstrohhalmen und Pappröhrchen.

Eine Scherenbiene *(Osmia florisomne)* beim Bau des Verschlussdeckels aus Harz an einem Pappröhrchen.

Eine Scherenbiene *(Osmia florisomne)* verlässt zum allerersten
Mal ihre Brutzelle und blickt in die große weite Welt.

Gar nicht von Pappe!

Als Nisthilfe für Wildbienen sind auch Pappröhrchen aus Altpapier erhältlich. Sie
wurden speziell für Nisthilfen nach dem Vorbild hohler Pflanzenstängel entwickelt.
Der Begriff »Pappe« klingt vielleicht zunächst wenig vertrauenerweckend, aber das
Material ist verblüffend robust und bewährt sich auf meinem Balkon bereits seit
mehreren Jahren. Die Röhrchen sind je nach Hersteller unbehandelt oder mit Paraffin
imprägniert und damit wasserabweisend. Zugleich sind die Röhrchen atmungsaktiv,
vor allem die nicht imprägnierten. Um tropischen Regenfällen zu trotzen, sind sie
natürlich nicht geschaffen, ein einigermaßen vor Witterung geschützter Standort
ist deshalb erforderlich.

   Die Pappröhrchen sind praktisch, weil sie bereits die passende Länge haben
und nicht erst mühsam zugeschnitten werden müssen. Sie können sofort verwendet
werden. Innerhalb kürzester Zeit lässt sich daraus eine sauber verarbeitete Nisthilfe
bauen, die von den Insekten gut angenommen wird.

Hallo Nachbar! Der weiße »Bart« und die langen, gebogenen Fühler
sind typisch für die Männchen der Mauerbienen *(Osmia)*.

Weil die Röhrchen auf beiden Seiten offen sind, sollte eine Seite entweder an einer glatten Oberfläche anliegen oder mit Gips, Wachs, Ton oder unbehandelter Watte verschlossen werden. Am einfachsten ist es, die Röhrchen gebündelt in eine Konservendose oder einen ähnlichen Behälter zu stecken.

Einige parasitische Wespen können die Pappwände problemlos durchnagen, um zur Eiablage in die Brutzellen zu gelangen. Das gelingt ihnen allerdings genauso erfolgreich bei Naturstrohhalmen, Schilf und teilweise sogar bei Bambus. Schutz vor diesen Wespenarten gewähren letztendlich nur ein Hartholzblock mit Bohrlöchern oder Nisthilfen aus gebranntem Ton. Bei mir ist dieser Wespentyp bisher nicht aufgetreten. Andere parasitische Wespen wie Keulenwespen, Schlupfwespen und Erzwespen, die von vorne über die »Haustür«, also den Verschlussdeckel, in die Gänge eindringen, sind wesentlich häufiger an den Nisthilfen anzutreffen.

Pappröhrchen werden von Wildbienen sehr gut angenommen, oft sind diese Nisthilfen bereits nach einer einzigen Saison vollständig besetzt. Auch die Wiederbesiedelung in den Folgejahren klappt problemlos. Manche Anbieter haben nur große Röhrchen mit einem Durchmesser von 8 oder 9 mm im Programm. Diese Durchmesser sind in erster Linie für die Rostrote Mauerbiene und die Gehörnte Mauerbiene optimiert, die zu unseren häufigsten Wildbienenarten zählen. Möchte man auch selteneren und kleineren Arten Nistmöglichkeiten bieten, sollte man Pappröhrchen unterschiedlichen Durchmessers anbieten. Das empfiehlt sich vor allem, wenn man sonst keinerlei Nisthilfen für kleinere Arten hat. Im Handel gibt es derzeit Pappröhrchen mit 4, 5, 6, 7, 8 und 9 mm Durchmesser in einer Länge zwischen 12 und 15 cm. Bezugsquellen sowohl für Pappröhrchen als auch für fertig damit gefüllte Nisthilfen finden Sie ab Seite 154.

Dosenbienen

Leere Konservendosen eignen sich hervorragend als Gehäuse für Nisthilfen. Ihr Bau ist einfach und erfordert weder besondere handwerkliche Fähigkeiten noch einen professionell ausgestatteten Werkzeugschrank. Zum Einstieg sind solche Nisthilfen gut geeignet, speziell für Projekte mit Kindern. Die Füllung der Dose kann aus Strohhalmen, Schilfhalmen, Bambus, sonstigen hohlen Pflanzenstängeln sowie Pappröhren bestehen. Auf den Seiten 51 bis 55 und 58, 59 können Sie lesen, welche Materialien sich dafür eignen und wie Sie die Stängel vorbereiten.

Meine Dosenbienen

Meine Dose (siehe Bild links) hat einen Durchmesser von 9 cm. Gefüllt ist sie mit 44 Strohhalmen, 61 Schilfhalmen (inklusive »Scheitelkamm«) und 38 Pappröhrchen (»Gesicht«) – insgesamt also 143 Niströhren. Die Standfüße sind mit Gips gefüllt, um sie etwas standfester zu machen. Wie viele Wildbienen sich in einer solchen Dose entwickeln können, wird häufig unterschätzt.

Multipliziert man die Zahl der Niströhren mit den darin möglichen Brutzellen, können sich in dieser Dose theoretisch über 1000 Individuen entwickeln. Der häufig zu beobachtende Gigantismus beim Bau von Nisthilfen ist also völlig unnötig.

Stängel in der Dose befestigen

Der Boden der Dose wird mit einer dünnen Schicht Gips oder Spachtelmasse ausgegossen. Danach wird die Dose mit den vorbereiteten Halmen gefüllt. Zunächst baut man die größeren Bambusstängel oder Schilfhalme ein. Die Lücken werden im Anschluss mit den dünneren Strohhalmen geschlossen, bis die Dose voll ist. Der Gips fixiert die Halme in der Dose und verhindert, dass sie herausfallen oder Vögel sie herausziehen.

Falls Sie Halme nachträglich austauschen möchten, empfiehlt sich zum Fixieren Bienenwachs statt Gips. Bienenwachs hat einen Schmelzpunkt

Bild links: Meine Dosenbienen – bei der Befüllung einer Konservendose können Sie Ihrer Fantasie freien Lauf lassen.

von 61 – 65 °C. Diese Temperatur wird an einer Nisthilfe natürlicherweise nicht erreicht. Um zu verhindern, dass sich die Metalldose in der Sonne zu stark aufheizt und das Wachs dadurch schmilzt, kann man sie noch mit einer dünnen Korkplatte, Filz, Pappe oder einem ähnlich isolierenden Material umwickeln.

Zum späteren Austausch von Röhrchen taucht man den Boden der Dose in ein heißes Wasserbad, bis das Wachs weich wird. Weil bei dieser Methode auch die hinteren Brutzellen stark erhitzt würden, ist es sinnvoll, die hinteren 2 cm der Halme erst mit Gips zu verschließen, bevor sie in das flüssige Wachs gestellt werden. Dadurch ist die Gefahr eines Hitzschlags für die Bienenbrut im hinteren Stängelabschnitt gebannt. Im heißen Wasserbad dient der Gips dann als isolierender Abstandhalter.

 Erfahrungsgemäß unterschätzt man die Materialmenge, die in eine so kleine Dose passt, gewaltig. Wenn der Gips erst einmal anfängt abzubinden, kann man das Zuschneiden weiterer Halme getrost vergessen, der Gips gewinnt immer! Es ist daher sinnvoll, die Dose zunächst im Probelauf ohne Gips komplett mit Halmen zu füllen und erst dann den Gips anzurühren.

Kreative Muster

Der Umstand, dass sich die verschiedenen Halme in Durchmesser, Struktur und Farbe unterscheiden, lässt sich für kreative Muster nutzen. Ob Yin Yang, Wellenmuster oder Gesichter – hier sind der Fantasie keine Grenzen gesetzt. Durch eine unterschiedliche Länge der Halme vergrößert sich die Variationsbreite noch. Solche Muster sehen zum einen pfiffig aus, zum anderen erleichtern sie den Bienen die Orientierung beim Anflug ihrer eigenen Niströhre.

Für meine Dose habe ich jeweils die Halme für Augen, Nase und Mund erst mit Gummiringen in ihrer endgültigen Form fixiert und dann mit einer Heißklebepistole miteinander verklebt. Auf diese Weise konnte ich Mund, Augen und Nase als kompakte Elemente in den weichen Gips drücken.

Tipp Die Heißklebepistole ist generell ein geniales Werkzeug für den Quick-und-Dirty-Heimwerker, dem es mehr um Schnelligkeit als um handwerkliche Perfektion geht. Der auf etwa 200 °C erhitzte flüssige Kunststoff verbindet vorurteilsfrei alle Materialien miteinander, ungeachtet ihrer Beschaffenheit oder Oberfläche. Innerhalb einer Minute ist der Kunststoff erkaltet und hart und die Verbindung kann sofort belastet werden. Die preislich etwas edleren, kabellosen Akkumodelle sind besonders komfortabel in ihrer Anwendung. Im Gegensatz zu den billigen Modellen tropfen sie auch nicht ständig und ermöglichen sauberes Arbeiten.

Dose aufhängen

Ganz zu Beginn sollten Sie überlegen, wie die fertige Dose später befestigt wird. Denn je nach Art muss diese Befestigung bereits vor dem Füllen der Dose fertiggestellt werden.

Zum Aufhängen kann zum Beispiel auf der Unterseite der Dose mit Heißkleber ein Bilderaufhänger befestigt werden. Alternativ bohrt man zwei Löcher in den Dosenboden, zieht einen Draht hindurch und formt ihn zur Öse. Die Drahtenden liegen innen auf dem Dosenboden und werden miteinander verdreht. Der Gips fixiert sie in ihrer Position. Notfalls reicht auch eine zurechtgebogene Büroklammer.

Um bei einer liegenden Dose das Wegrollen zu verhindern, kann sie von innen durch die Längsseite auf ein Holzbrett geschraubt werden. Dazu benötigt man eine Ratsche (Knarre), die im rechten Winkel zur Schraube arbeitet. Oder man bohrt ein Loch in den Dosenboden und schraubt die Dose von innen an einem eckigen Holzbrettchen fest. Alternativ können auch zwei Bambushalme oder Schilfhalme als Standfüße an die Außenseite der Dose geklebt werden. Letzteres ist auch nach Befüllen der Dose möglich.

Schlupf

Wenn die Mauerbienen im Frühjahr ihre spröde Kokonhülle durchbeißen, gibt das ein erstaunlich lautes, knisternde Geräusch, das für mich immer den Frühling einleitet.

Bild links: Trippeldecker bei der Paarung der Rostroten Mauerbiene *(Osmia bicornis)*. Nur das am ausdauerndsten klammernde Männchen kommt letztendlich zur Paarung.

Strangfalzziegel

Strangfalzziegel haben eine ebene oder gewölbte Form und bestehen aus gebranntem Ton. Das Besondere dieser Ziegel sind die röhrenförmigen Hohlkammern parallel zur Längsachse des Ziegels. Ein Ziegel hat etwa zehn Hohlkammern, die beidseitig in einem runden Loch nach außen münden. Der Durchmesser dieser Gänge beträgt 6 oder 8 mm, dort nisten häufig größere Bienenarten wie die Rostrote Mauerbiene *(Osmia bicornis)*, die Gehörnte Mauerbiene *(Osmia cornuta)*, die Natternkopf-Mauerbiene

Gestapelte Strangfalzziegel in einer auch sonst vorbildlichen Nisthilfe für Wildbienen

(*Osmia adunca*) und verschiedene Blattschneiderbienen. Derart gedeckte Dächer beherbergten früher über viele Jahre hinweg Mauerbienenkolonien.

Solche Ziegel lassen sich aufeinandergestapelt oder hochkant nebeneinander gestellt in einem Wildbienenhaus unterbringen, beim Bau einer Trockenmauer einbeziehen oder man stapelt sie im Garten einfach zu Türmen aufeinander. Auch das Dach einer Nisthilfe kann mit solchen Ziegeln gedeckt werden und bietet dann zusätzlichen Nistraum. Generell sollten Dächer auf Nisthilfen allerdings nicht zu weit ausladend sein, um die Beschattung möglichst gering zu halten.

Weil die Hohlräume im Ziegel durchgängig offen sind und durchgehende Gänge in der Regel nicht oder nur in Ausnahmefällen besiedelt werden, müssen sie – falls die Ziegel ohne Rückwand gestapelt werden – an einem Ende verschlossen werden. Dazu kann man mit einer Spachtel Ton oder Gips in die Öffnungen streichen, auch Stofffasern, zum Beispiel unbehandelte Polsterwolle, und Watte eignen sich. Stapelt man die Ziegel direkt auf dem Erdboden, sollte man Balken oder Ähnliches unterlegen, um etwas Abstand zum feuchten Untergrund herzustellen und die Niströhren dadurch möglichst trocken zu halten. Die erhöhte Lage ist zusätzlich vorteilhaft, weil die unteren Lochreihen dadurch nicht komplett durch Vegetation verdeckt sind. Denn Wildbienen bevorzugen generell eine freie Einflugschneise.

Falls die Öffnungen zu scharfkantig oder deformiert sind, lassen sie sich mit einem Steinbohrer mit entsprechendem Durchmesser aufbohren. Mit etwa 40 cm Länge sind die Ziegel vergleichsweise lang, daher kann man sie mit einem Winkelschleifer (Trennschleifer) halbieren. Auf diese Weise erhält man automatisch zwei saubere Schnittkanten und kann sich das nachträgliche Aufbohren sparen.

Strangfalzziegel

Das wird gebraucht – Material und Werkzeug

- Manchmal erhält man Strangfalzziegel einzeln auf Flohmärkten oder im Internet, bei Abbruchbetrieben oder als Recyclingmaterial. Bei vielen Dachdeckerbetrieben gibt es eine Mindestabnahmemenge. Die Firma CREATON in Wertingen bietet Minipacks mit fünf bis acht Ziegeln an.
- Ton, Gips, unbehandelte Polsterwolle, unbehandelte Watte
- Werkzeuge:
  - ❖ eventuell Bohrmaschine und Steinbohrer
  - ❖ eventuell Winkelschleifer (Trennschleifer)

Das »Hotel zur Wilden Biene«

Wildbienenschutz lebt von den Menschen, die ihn praktizieren und mit Leben füllen. Einer von ihnen ist sicherlich der Diplombiologe Volker Fockenberg. Seine Insektennisthilfe aus gebranntem Ton, das »Hotel zur Wilden Biene«, konnte bereits ihr 25-jähriges Jubiläum feiern und ist seit vielen Jahren ein etablierter Klassiker unter den Nisthilfen. Mehr als 19000(!) Exemplare des Hotels bieten inzwischen in unseren Gärten Unterschlupf für solitäre Wildbienen und Wespen. Der Klassiker hat 180 Nistgänge von 2 – 11 mm Durchmesser. Daneben gibt es einen modifizierten »Bienenstein« mit 331 Nistgängen (Bezugsquelle siehe Seite 155).

Volker Fockenberg kam bereits früh mit dem Wildbienenvirus in Kontakt. 1983 stolperte der damals 18-jährige Schüler an einem Naturschutz-Infostand über eine Bauanleitung und bastelte aus Hartholzresten seine erste Nisthilfe, die sofort von Wildbienen angenommen wurde. Von da an gab es kein Halten mehr. In Zusammenarbeit mit dem Naturschutzbund Dorsten entstanden zahlreiche Nisthilfen aus Holz, und eine Sandabgrabung wurde für Wildbienen gestaltet. Für sein Engagement erhielt Volker Fockenberg 1988 den Sven-Simon-Naturschutzpreis. Ein Zeitungsartikel berichtete über seine Idee einer Nisthilfe aus gebranntem Ton. Die ersten 120 Bestellungen für sein »Hotel zur Wilden Biene« trafen zu einem Zeitpunkt ein, als es diese Nisthilfe in der Praxis noch gar nicht gab.

Das Preisgeld von 2000 DM investierte Volker Fockenberg in die Entwicklung einer Produktionsmethode für seine Nisthilfe, die 1989 ausgereift war. Aus der Ziegelei kommen maximal 750 Tonrohlinge pro Lieferung. In den feuchten Ton werden mit unterschiedlich dicken Stahlstiften Nistgänge gestochen. Anschließend wird der Rohling getrocknet und dann gebrannt. Nachdem anfangs noch elterliche Garage und Keller zum Trocknen herhalten mussten – das Brennen erfolgte in der Ziegelei –, war 1996 die Geburtsstunde eines eigenen Brennofens. Der Transport zur Ziegelei und zurück war damit Geschichte. In die Brennkammer passen 156 Steine, der Ofen wird mehrmals im Jahr angeworfen. Den Strom für den Brennvorgang liefert eine Fotovoltaikanlage auf dem Dach.

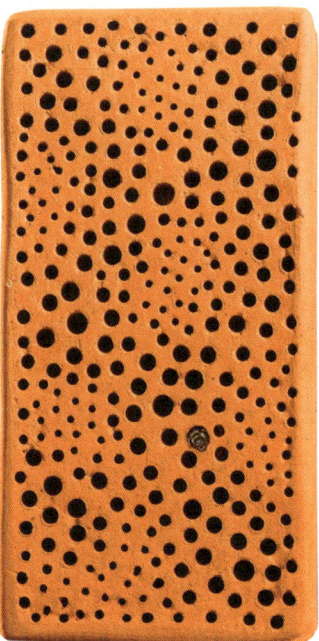

Die seit mehr als 25 Jahren erprobten Tonnisthilfen von
Volker Fockenberg gibt es in diesen beiden Varianten.

1999 folgte der Bau einer Ziegel-Trockenscheune nach einem etwa
300 Jahre alten Vorbild. Durch ein ausgeklügeltes System individuell zu
öffnender Lüftungsschlitze trocknen die Bienensteine dort ohne externe
Energie, eine Heizung ist nicht erforderlich. Mit dieser behutsamen und
langsamen Trocknung umgeht man Trocknungsrisse fast gänzlich. Je
nach Witterung und Luftfeuchtigkeit ist der Vorgang nach vier bis sechs
Wochen abgeschlossen. Die Trocknung kann allerdings nur während der
frostfreien Monate erfolgen, bei Frost würde der feuchte Ton durch Ge-
frieren des Wassers springen.

Die Brenntemperatur liegt bei 996 °C, bei dieser Temperatur verglast
Ton nicht, sondern bleibt offenporig und damit atmungsaktiv. Das ist eine
wesentliche Voraussetzung, um die Verpilzung der Brut in der Nisthilfe
zu verhindern. Weil das Material wasserdurchlässig bleibt, sollte der Ziegel
an einer geschützten, trockenen Stelle aufgehängt oder aufgestellt werden.

Gebrannter Ton verwittert nicht und ist daher nahezu unverwüstlich. Um die Befestigung zu erleichtern, sind im oberen Bereich zwei Löcher durch den Ziegel gebohrt, durch die sich eine Schnur oder ein Draht ziehen lässt. Bei diesem Material stößt selbst der Specht, der bei seiner Suche nach Insektenlarven sogar aus Eichenbalken Kleinholz machen kann, an seine Grenzen.

Reger Flugverkehr der Scherenbienen

Auf der kleinen Fläche eines Ziegels lassen sich an dieser liebevoll gestalteten Nisthilfe viele Momente im Lebenszyklus solitärer Wildbienen und Wespen beobachten, sei es der Schlupf im Frühjahr, die Paarung, die Versorgung der Brutzellen mit Pollen oder der Bau der Verschlussdeckel. Auch die parasitischen Gegenspieler wie die Taufliege *Cacoxenus indagator,* Goldwespen, Keulenwespen und Schlupfwespen stellen sich ein. Biologie kompakt!

Durchschnittlich geht man von etwa vier Brutzellen in jedem der 180 Nistgänge aus, das heißt, bei Vollbesetzung würden im nächsten Jahr an die 700 Insekten schlüpfen. Insgesamt wurden am »Hotel zur Wilden Biene« bisher 28 verschiedene Arten Wildbienen und Wespen beobachtet, ein doch erstaunlich breites Artenspektrum (siehe auch ab Seite 151).

Nisthilfen von der Töpferin

Eine ganze Kollektion an Nisthilfen aus gebranntem Ton bietet die Töpferin Barbara Stockhaus an (Adresse siehe Seite 154, Bild siehe Seite 146). Neben der sauberen Verarbeitung bestechen diese Nisthilfen vor allem durch ihre pfiffige Form.

Beobachtungsnistkästen

Leider spielt sich das Leben in der Wildbienenkinderstube im Inneren der Brutzellen ausschließlich im Verborgenen ab. Sobald die Biene vorwärts (zum Auswürgen von Nektar) oder rückwärts (zum Abstreifen von Pollen) in die Brutröhre gekrochen ist, haben wissensdurstige Naturgarten-Paparazzis keine Chance mehr. Die gesamte Larvenentwicklung bis zum Schlupf der neuen Bienengeneration im nächsten Frühjahr entzieht sich unserer Beobachtung. Ein echter Jammer!

Der Wunsch von Naturliebhabern und Fotografen nach tieferen Einblicken in diesen Entwicklungszyklus führte zur ersten Generation der Beobachtungsnistkästen. Dieser erste Typ besteht aus einem lichtdicht schließenden Kasten. Bohrungen an der Vorderseite münden in durchsichtige Röhrchen aus Plexiglas oder Glas im Innenraum, die ungeachtet des unbiologischen Materials von Wildbienen besiedelt werden. Nimmt man die Vorderseite mit den daran hängenden Röhrchen ab, lässt sich der Inhalt betrachten und fotografieren. Leider hat der fehlende Gasaustausch in Röhrchen aus Glas und Plexiglas einen gravierenden Nachteil: Es bildet sich Kondenswasser und in der Folge Schimmel. Pilzhyphen durchwuchern das Pollen-Nektar-Gemisch in den Brutzellen und die Bienenbrut stirbt ab.

Der Biologe Fritz Brechtel hat in einer 1986 durchgeführten Studie in Plexiglasröhrchen eine Mortalitätsrate zwischen 13,9 Prozent bei der Natternkopf-Mauerbiene *(Osmia adunca)* und 93,1 Prozent bei der Gewöhnlichen Maskenbiene *(Hylaeus communis)* festgestellt. Die durchlässigen Lehmtrennwände der Mauerbienen ermöglichen innerhalb des Glasröhrchens einen minimalen Gasaustausch, daher sind die Ausfälle bei Mauerbienenarten am geringsten.

Über kurz oder lang ist der Endzustand solcher Beobachtungsnistkästen jedoch immer der Gleiche: ein Wildbienen-Mausoleum.

Bild links: Nach dem Abschrauben der Hutmuttern lässt sich der Einschub des Beobachtungsnistkastens herausziehen und man kann die Entwicklung der Larven im Inneren der Gänge betrachten.

Glücklicherweise gibt es inzwischen praxistaugliche Beobachtungs-nistkästen im Handel (Adressen siehe ab Seite 154). Zum Beispiel vom Schulbiologiezentrum Marburg Biedenkopf: Statt der Plexiglasröhrchen kommen dort Holzklötzchen mit einer im Querschnitt viereckigen Nut (Fräsrille) zum Einsatz, die als Brutröhre für die Wildbienen und Wespen dient. Oben wird die Nut mit einem dünnen Plexiglasdeckel, der mit ein-fachen Gummiringen befestigt wird, verschlossen.

Diese raffinierte Idee schlägt zwei Fliegen mit einer Klappe: Der Nist-gang ist an drei Seiten von atmungsaktivem Holz umgeben, das für den Gasaustausch sorgt, und das Plexiglas ermöglicht freie Sicht und prob-lemloses Fotografieren. Verzerrungen und Spiegelungen, die das Foto-grafieren bei runden Plexiglasröhrchen stören, sind hier deutlich weniger ausgeprägt – ein zusätzliches Plus! Viereckige Käferfraßgänge dürften in der Natur zwar höchst selten sein, aber Wildbienen verfügen durchaus über ein gewisses Maß an Flexibilität. Durch den abnehmbaren Deckel lassen sich die Gänge nach dem Schlüpfen der Bienen einfach reinigen, dadurch erhöht sich die Wahrscheinlichkeit einer Wiederbesiedelung. Außerdem hat der Fotograf nach dem Frühjahrsputz wieder klare Sicht.

Bei den qualitativ sehr hochwertig verarbeiteten Beobachtungsnist-kästen von »Wildbienenschreiner« Manfred Frey sind mehrere Gänge in ein Holzbrett gefräst, die von einer gemeinsamen Acrylglasplatte ab-gedeckt werden.

Seine Beobachtungsnistkästen haben sich bei mir in der Praxis gut bewährt. Sie sind lichtdicht, die Einschübe sind sicher fixiert, lassen sich aber dennoch nach dem Aufschrauben von zwei Hutmuttern oder Flü-gelschrauben leicht herausziehen. Dank der Kombination aus Plexiglas und Holz ist die Gefahr einer Verpilzung auf ein Minimum reduziert. Qualitativ handelt es sich hier um den Rolls-Royce unter den Beobach-tungsnistkästen, preislich gesehen glücklicherweise nicht.

Generell werden Beobachtungsnistkästen etwas zögerlicher besiedelt als »normale« Nisthilfen. Die Besiedelung lässt sich forcieren, indem man den Insekten zunächst keine oder nur wenig andere Nistmöglichkeiten zur Verfügung stellt.

Schlechtwetterphasen verbringen die Männchen der Gehörnten Mauerbiene
(Osmia cornuta) häufig in den Gängen der Beobachtungsnistkästen.

Frisch angelegte Brutzellen einer Mauerbiene:
B = Brutzelle, T = Trennwand aus Lehm, P = Pollen-Nektar-Gemisch, E = Ei

Einfache Beobachtungsnisthilfe – selbst gebaut

Eine gut funktionierende Beobachtungsnisthilfe für Mauerbienen lässt sich auch leicht selbst herstellen. Dafür braucht man – nach dem Beispiel der Mauerbienenzucht (siehe Seite 77) – eine mitteldichte Holzfaserplatte (16 × 16 × 1,6 cm), die mit zehn Fräsrillen von 8 mm Durchmesser versehen ist. Diese Fräsrillen enden auf der einen Seite des Brettes 1 cm vor der Brettkante, auf der anderen Seite sind sie durchgehend. Solche Platten sind im Handel erhältlich (Adressen siehe ab Seite 154).

Zu Beobachtungszwecken braucht man lediglich eine passend zugeschnittene, durchsichtige Overheadfolie über die Gänge zu kleben. Als lichtdichter Deckel dient eine Holzfaserplatte in derselben Größe ohne Fräsrillen. Brettchen und Deckbrett werden an der Schmalseite mit einem Gewebeband verbunden, damit das Deckbrett wie bei einem Scharnier hochgeklappt werden kann und den Blick freigibt auf die mit Folie abgedeckten Nistgänge. Zur Reinigung der Gänge entfernt man einfach die Folie.

Tipp

Der Biologe Dr. Johann-Christoph Kornmilch hat in einer umfangreichen und wirklich lesenswerten Studie alle Aspekte der Roten Mauerbiene als Bestäuberin zusammengefasst. Für diese Studie wurden ausschließlich Nisthilfen aus Nutbrettchen eingesetzt: »Einsatz von Mauerbienen zur Bestäubung von Obstkulturen. Erarbeitung eines Management-Programmes zur Nutzung der Roten Mauerbiene *(Osmia bicornis)* in Obstplantagen und Kleingärten.« Diese Studie kann man im Internet kostenlos als PDF herunterladen (siehe Link Seite 155).

Nisthilfen aus der Mauerbienenzucht

In vielen Ländern werden Wildbienen gezielt zur Bestäubung von Obstkulturen eingesetzt. So in den USA zum Beispiel die Blaue Mauerbiene *(Osmia lignaria)* zur Bestäubung von Apfelbäumen und die Gehörnte Mauerbiene *(Osmia cornuta)* zur Bestäubung von Mandelbäumen. In Japan kommen bereits auf etwa 75 Prozent der Anbaufläche Mauerbienen als Bestäuberinnen zum Einsatz. Auch hierzulande lässt man Obstbäume aufgrund ihrer hohen Effektivität vermehrt von der Rostroten Mauerbiene *(Osmia bicornis)* bestäuben.

Die dafür benötigten Mauerbienen stammen von Firmen, die sich auf deren Vermehrung spezialisiert haben. In der Mauerbienenzucht werden Holzfaserplatten mit gefrästen Nistgängen von 8 mm Durchmesser verwendet. Diese Platten werden aufeinandergestapelt und mit Spanngurten fixiert. Entwickelt wurde dieses System in den USA zur Vermehrung der Luzerne-Blattschneiderbiene *(Megachile rotundata),* die aus Europa dort eingeführt wurde und im großen Stil zur Bestäubung riesiger Luzernefelder dient. Die Mauerbienenzucht greift häufig auf diese und ähnliche Systeme zurück.

Am Ende der Saison werden solche Nisthilfen zerlegt, die Mauerbienenkokons gereinigt und separat bis zum nächsten Frühjahr gelagert. Dadurch können Parasiten, zum Beispiel die frei in den Brutzellen liegenden Larven der Taufliege *Cacoxenus indagator* oder Milben, einfach entfernt werden. Kokons, aus denen im Frühjahr zunächst nichts schlüpft, enthalten meist die Larven von Erzwespen und Trauerschwebern, die später als Mauerbienen schlüpfen. Auch diese Parasiten kann man aus dem Verkehr ziehen. Schneidet man solche Kokons vorsichtig mit einer Nagelschere auf, kann man die Entwicklung der entsprechenden Parasiten dokumentieren. So konnte ich zum Beispiel den faszinierenden Schlupf eines Trauerschwebers filmen und fotografieren.

Bild links: Bei dieser Nisthilfe aus der Mauerbienenzucht werden die Brettchen mit den ins Holz gefrästen Nistgängen gestapelt und mit Spanngurten fixiert.

Aufbau

Die Holzfaserplatten messen 16 × 16 × 1,6 cm. Jede Platte hat zehn Fräsrillen von 8 – 9 mm Durchmesser. Diese Fräsrillen enden auf der einen Seite des Brettes 1 cm vor der Brettkante, auf der anderen Seite sind sie durchgehend (Bezugsquellen siehe ab Seite 154). Diese Nuten sind u-förmig und werden beim Aufeinanderstapeln durch die Unterseite des nächsten Brettchens abgedeckt, dadurch entstehen die Nistgänge. Robuste Spanngurte halten den Block aus beliebig vielen aufeinandergestapelten Brettchen zusammen. Dadurch können die einzelnen Ebenen nicht gegeneinander verrutschen. Im Freien werden solche Nisthilfen häufig in senkrecht aufgestellten Mörtelwannen aus Plastik untergebracht, um sie vor Witterung zu schützen. Die Innendurchmesser der Gänge sind mit 8 – 9 mm für die Rostrote Mauerbiene *(Osmia bicornis)* und die Gehörnte Mauerbiene *(Osmia cornuta)* optimiert.

Erstaunlicherweise bevorzugt die Rostrote Mauerbiene vom Licht abgewandte Nisteingänge. Wenn man die einzelnen Brettchen jeweils um 90° gegeneinander versetzt aufeinanderstapelt, kann man sehr schön die Besiedelung in Abhängigkeit vom Lichteinfall dokumentieren.

Tipp Wer mit einer Oberfräse umgehen kann, hat die interessante Möglichkeit, Brettchen mit verschiedenen Gangdurchmessern selbst zu erstellen und dadurch das dort siedelnde Artenspektrum an solitären Wildbienen und Wespen beträchtlich zu erweitern. Statt der Holzfaserplatten können dann natürlich auch Hartholzplatten verwendet werden.

Zerlegen und säubern im Herbst

Bereits im August ist die Entwicklung der Mauerbienen komplett abgeschlossen. Bis zum Schlüpfen im nächsten Frühjahr liegen sie nun sieben Monate lang im Inneren ihrer Kokons und drehen Däumchen ... Pardon ... Tarsen. In diesem Zustand reagieren sie wenig empfindlich auf mechanische Störungen. Beim vorsichtigen Zerlegen der Nisthilfe im Herbst werden die Brutzellen und ihre Trennwände so gut wie nicht beschädigt. Deshalb lässt sich nun problemlos eine Bestandsaufnahme der letzten Saison erstellen und auch fotografisch dokumentieren, zum Beispiel:

➤ Wie viele Kokons der Rostroten Mauerbiene oder der Gehörnten Mauerbiene sind vorhanden? Wie hoch ist der Ausfall durch Schimmel und Parasiten, vor allem durch die Taufliege *Cacoxenus indagator* (siehe Seite 83)?

➤ Kam es zu einem Befall mit Milben (siehe Seite 80)?

➤ Wurden die Gänge bis zum Rand mit Brutzellen bestückt oder sind Bereiche leer?

Nach dem Fotografieren der einzelnen Ebenen können sie wieder gestapelt werden, um die Bestandsaufnahme im nächsten Jahr fortzusetzen. Auf diese Weise lässt sich auch feststellen, ob und in welchem Umfang die Bienen alte Brutzellen säubern.

Alternativ wird die Nisthilfe zerlegt, gesäubert und die Kokons werden isoliert. Mit einem Löffelstiel kann man dabei den Inhalt der Gänge vorsichtig in eine Schüssel schaben. Die Kokons können grob gereinigt werden (siehe Seite 80). Außer bei einem starken Befall mit Milben ist dieser Großputz aber nicht zwingend erforderlich und dient eher ästhetischen als praktischen Gründen. Die Überwinterung der Kokons erfolgt am besten in einer Pappschachtel bei normalen Außentemperaturen, also zum Beispiel in einem Gartenschuppen oder einer Garage. Falls man keinen von Bienen umschwärmten Weihnachtsbaum möchte, dürfen die Kokons auf keinen Fall im warmen Haus gelagert werden. Damit die im Frühjahr schlüpfenden Bienen ins Freie gelangen können, bohrt man ein kleines Loch in die Pappschachtel.

Reinigung der Brettchen und Kokons

Falls sich Milben auf der Oberfläche der Kokons befinden, können diese mit einem feinen Pinsel abgestreift werden. Befinden sich Milben auf den Brettchen, gilt Ähnliches. Bei einem Befall mit Milben der Art *Chaetodactylus osmiae,* die wie winzige glasige Kügelchen aussehen, muss die mechanische Reinigung der Brettchen besonders gründlich erfolgen. Falls einzelne Milben zurückbleiben und die Oberfläche der Brettchen nicht hundertprozentig glatt ist, können die winzigen Milben über die Hohlräume in den nicht mehr lückenlos aufeinander liegenden Brettchen in benachbarte Gänge wandern, sich dort in der nächsten Saison rasch vermehren und so über kurz oder lang die ganze Nisthilfe erobern.

Weil die Milben eine Temperatur bis zu minus 70 °C überleben, ist das Einfrieren der Brettchen in der Regel keine wirksame Maßnahme. Temperaturen jenseits von plus 50 °C sind dagegen tödlich. Beim Überbrühen mit kochendem Wasser verziehen sich die Brettchen häufig, eine Wärmebehandlung im Backofen bei 70 – 80 °C, etwa 30 Minuten, ist für die Nisthilfen schonender. Ich habe mit einer derart nicht ganz artgerechten Verwendung meines Backofens keinerlei Probleme, aber hier scheiden sich vermutlich die Geister.

Der übrige Inhalt der Gänge, der »Müll« (Kokonreste, Larvenkot, Trennwände aus Lehm, Restpollen, abgestorbene Larven, verschimmelte Zellinhalte, Larven von *Cacoxenus indagator),* wird entsorgt (siehe auch Bild Seite 120). Die Brettchen werden sauber gebürstet und können danach wieder gestapelt und verspannt werden.

Im Frühjahr lässt sich dann das Schlüpfen der Mauerbienen aus ihren Kokons beobachten und fotografieren (siehe Seite 65). Dazu wirft man ab Anfang März jeden Tag einen Blick in die Schachtel mit den Kokons. Wenn die Mauerbienen mit ihren Mandibeln die spröden Hüllen der Kokons zerbeißen, ergibt das ein erstaunlich lautes, weit hörbares Knistern, das jeden Fotografen voll Freude zu seiner Ausrüstung hechten lässt. Sobald die Biene ein kleines Loch in den Kokon gebissen hat, sollte man den Kokon umgehend für die Fotografie in Szene setzen. Danach geht

Beim Zerlegen der Nisthilfe im Herbst bleiben die einzelnen Brutzellen
fast unversehrt erhalten und können fotografisch dokumentiert werden.

alles sehr schnell. Weil der Schlupf normalerweise im Inneren der Nisthilfe stattfindet, sind das einzigartige Momente. Diese »Geburt« einer
Mauerbiene zu beobachten, ist immer wieder ein magisches Erlebnis, das
nichts von seinem Zauber verliert, egal, wie oft man schon Zeuge war. Da
die Mauerbienen zunächst im unmittelbaren Umfeld ihres Schlupfortes
nach Nistmöglichkeiten suchen, ist es wichtig, die Pappschachtel mit den
Kokons möglichst nahe an den vorhandenen Nisthilfen zu platzieren,
damit diese erneut besiedelt werden.

Tipp

Die Kokons der beiden Mauerbienenarten lassen sich gut unterscheiden:
Bei der Gehörnten Mauerbiene knistern sie bei Berührung wie Stanniolpapier,
sie geben leichtem Druck nach, die Oberfläche ist zerknittert und wirkt stumpf.
Die Kokons der Rostroten Mauerbiene fühlen sich ähnlich prall an wie ein
Zebrahintern, geben Druck nicht nach und sind völlig glatt.

Exkurs – die Taufliege Cacoxenus indagator

Von Ende April bis Anfang Mai sieht man häufig eine zierliche 3 mm große Fliege mit auffälligen, roten Augen fast bewegungslos an den Nisthilfen sitzen. Sie bewegt sich mit dem Temperament einer griechischen Landschildkröte, und fällt dem Betrachter daher häufig gar nicht auf. Es handelt sich um eine Vertreterin der Taufliegen (Essigfliegen, Fruchtfliegen, Obstfliegen; Familie *Drosophilidae*). Der Artname *Cacoxenus indagator* mag nicht der einprägsamste sein, aber wie ein Großteil der Insekten hat auch diese Art keinen deutschen Namen.

Cacoxenus indagator ist ein Futterparasit, der in erster Linie bei der Rostroten Mauerbiene *(Osmia bicornis),* weniger auch bei der Gehörnten Mauerbiene *(Osmia cornuta)* schmarotzt. Die fertig entwickelte Fliege lebt von überreifem Obst und gärenden Fruchtsäften.

Sobald eine Mauerbiene die Brutzelle verlässt und sich auf ihren nächsten Sammelflug begibt, schlüpft die Fliege in die Brutzelle und legt dort nach und nach zwei bis vier Eier ab. Die Larven schlüpfen annähernd zeitgleich mit den Mauerbienenlarven im Inneren der fertig verdeckelten Brutzelle und machen sich sofort über die Pollen- und Nektarvorräte her. Weil die Fliegenlarven sehr klein sind, reichen die Pollenvorräte auch noch für die Entwicklung der Mauerbiene aus, solange sich lediglich zwei bis drei Fliegenlarven in derselben Brutzelle befinden. Aufgrund des Nahrungsmangels bleiben solche Mauerbienen aber auffällig klein und haben vermutlich recht schlechte Karten in Hinblick auf Fortpflanzung und Überleben. Maximal wurden in einer Brutzelle bislang 20 Fliegenlarven gezählt. Falls die Pollenvorräte knapp werden, durchbeißen die Larven mit ihren Mandibeln die Lehmtrennwände und wandern so in die nächste Brutzelle ein.

Bilder links: Die Taufliege *Cacoxenus indagator* und ihr typisches Schlupfloch im Lehmverschlussdeckel einer Mauerbiene (oben). Die Taufliege wartet geduldig, bis sich das Mauerbienenweibchen auf einen neuen Sammelflug begibt (unten). In dieser Zeit legt sie ihre Eier in die Brutzelle der Wildbiene ab.

Noch vor der Verpuppung beißen die Larven von *Cacoxenus* ein Loch in den Deckel der Brutzelle, um daraus als fertige Fliegen schlüpfen zu können.

Die gekräuselten, gelborangen Kotschnüre von *Cacoxenus* sind unverwechselbar.

Charakteristisch für diese Taufliegenart sind die dünnen, orangeroten, spaghettiförmigen Kotschnüre der Larven, die wie gelocktes Feenhaar aussehen und das Innere der Brutzellen komplett ausfüllen können.

Im Herbst wandern die Fliegenlarven in den vorderen Bereich der Niströhre. Häufig sammeln sie sich in großen Mengen in der vordersten Brutzelle, dem Atrium, die von den Mauerbienen immer leer gelassen wird. Die Fliegenlarven überwintern dort, die Verpuppung erfolgt erst im nächsten Frühjahr. Interessant ist, wie sich die Fliegenlarven im Inneren der stockdunklen Brutzellen orientieren, um den »Ausgang« zu finden. Beim Bau der Lehmtrennwand zwischen zwei Brutzellen wölbt sich diese Wand von der bauenden Mauerbiene weg. Die der Biene zugewandte Seite wird sorgfältig geglättet, die Seite im Inneren der Brutzelle bleibt dagegen unbearbeitet und rau. Aus Sicht der Fliegenlarven bedeutet das: Beiße ausschließlich diejenigen Lehmwände durch, die sich auf dich zu wölben und rau sind, und du kommst unweigerlich ins Freie.

Solange sich im Nistgang wenigstens eine einzige Mauerbiene entwickelt hat, durchbeißt diese beim Schlüpfen sämtliche Trennwände der Brutzellen inklusive des Verschlussdeckels und schafft damit auch für die Fliegen freie Bahn. Sind dagegen alle Mauerbienenlarven abgestorben,

Die Taufliege *Cacoxenus indagator* – ein Futterparasit mit typisch roten Augen

Jenseits von »Gut« und »Böse«

Das Auftreten von Parasiten führt manchmal zu etwas überzogenen Reaktionen bei Nisthilfebesitzern. Parasiten sind aber ein völlig normaler Bestandteil des ökologischen Systems. Die typisch menschliche Differenzierung in »nützlich« und »schädlich«, »gut« und »böse« ist ökologisch betrachtet sinnlos. Weil sich jeder Parasit die eigene Lebensgrundlage entzieht, sobald er sich in Massen vermehrt, stehen Wirt und Parasit natürlicherweise in einem einigermaßen stabilen Gleichgewicht. Für mich ist der Lebenszyklus der Parasiten eine der faszinierenden Facetten des Lebens in einer Nisthilfe. Akuter Handlungsbedarf besteht hier in der Regel nicht.

muss *Cacoxenus* selbst für den Weg in die Freiheit sorgen. Kurz vor der Verpuppung beißt deshalb eine der Larven ein Loch in den Verschlussdeckel, das den im April schlüpfenden Fliegen dann als Ausgang dient. Denn im Gegensatz zu den beißfähigen Larven haben die Fliegen saugend-leckende Mundwerkzeuge, denkbar ungeeignet für den Durchbruch durch eine Lehmwand. Ein Verschlussdeckel mit einem winzigen Loch am Rand verrät schon von außen den Befall mit *Cacoxenus indagator*. Diese Taufliege findet sich praktisch an jeder Nisthilfe.

Eine Schlupfwespe *(Peritous spec.)* sieht sich an den Nisthilfen um (oben). Bei den Schlupfwespen imponiert der extrem lange Legestachel, mit dem die Verschlussdeckel der Wildbienenbrutzellen durchbohrt werden (Bild rechts).

Die winzige Erzwespe *Monodontomerus obsoletus* – ein weiterer Parasit bei solitären Wildbienen. In einem einzigen Mauerbienenkokon können sich bis zu 30 Erzwespen entwickeln.

Nagen

Senkrecht und einzeln fixierte markhaltige Brombeerstängel auf meinem Balkon.
Erstaunlicherweise wurden sie von beiden Seiten besiedelt, also auch von unten!
Sogar mitten in der Stadt werden Brombeerstängel entdeckt und gerne angenommen.

Wildbienenarten, die nicht auf vorhandene Hohlräume als Nistraum zurückgreifen wollen, beißen sich konsequenterweise selbst durch. Im weichen Mark von Pflanzenstängeln ist das noch keine große Herausforderung, bei angemorschtem, aber noch erstaunlich hartem Totholz artet der Bau der Brutzellen dagegen in echte Arbeit aus.

Markhaltige Pflanzenstängel

Manche Wildbienenarten greifen nicht auf vorhandene Hohlräume wie verlassene Käferfraßgänge zurück, sondern nagen ihre Gänge selbst. Etliche Arten haben sich dabei auf Pflanzenstängel spezialisiert, die mit Mark gefüllt sind. Pflanzenmark besteht aus abgestorbenen, mit Luft gefüllten Zellen, aufgrund seiner Weichheit ist dieses Material sehr leicht zu bearbeiten. In der Liste der markhaltigen Pflanzenarten steht die Brombeere in der Wildbienengunst ganz weit oben.

In der Natur werden fast ausschließlich solche Stängel besiedelt, die senkrecht oder schräg stehen und bei denen durch Gewaltanwendung das Mark freiliegt. Das können zum Beispiel abgebrochene Brombeerranken in einem Brombeerdickicht sein. Im Mark siedelnde Wildbienenarten suchen nach solchen freiliegenden, weichen Bruchstellen, weil sie mit Ausnahme der Dreizahn-Mauerbiene *(Osmia tridentata)* nicht in der Lage sind, selbst ein Loch in die zähen Stängelwände zu nagen, sondern den unmittelbaren Zugang zum Mark benötigen.

Das Überleben einer Wildbienenart hängt unter anderem davon ab, möglichst rasch einen geeigneten Nistplatz zu finden. Um dieses Ziel zu erreichen, sucht die Biene während des Fluges unablässig ihre Umgebung ab. Dabei greift sie vermutlich auf ein angeborenes Suchraster zurück. Schlüsselreize sind dabei wohl einzeln stehende, senkrechte Strukturen, die dann näher auf ihre Tauglichkeit als Nistplatz untersucht werden. Aus diesem Grund werden markhaltige Stängel, die waagerecht orientiert und gebündelt als Nisthilfe angeboten werden, so gut wie nicht besiedelt.

Schließlich ähneln sie den natürlicherweise genutzten Nistplätzen kaum. Sehr selten findet man dort Keulhornbienen der Gattung *Ceratina* sowie Grabwespen der Gattung *Pemphredon,* die Röhrenblattläuse zur Ernährung ihrer Brut eintragen. Markhaltige Stängel sollten als Nisthilfe daher ausnahmslos senkrecht und am besten einzeln angeboten werden.

Praktische Tipps

Wenn Sie folgende Tipps berücksichtigen, steht einer erfolgreichen Besiedelung markhaltiger Pflanzenstängel durch Wildbienen kaum mehr etwas im Wege.

➤ Getrocknete Pflanzenstängel markhaltiger Arten, zum Beispiel abgeblühte Königskerzen, lässt man im Garten stehen. Im Frühjahr entfernt man sie nicht vollständig, sondern schneidet sie in einer Höhe von 50 – 200 cm ab, um das Mark freizulegen.

➤ Die höchste Artenvielfalt findet sich in Brombeerstängeln, am wenigsten eignet sich Holunder.

➤ Einzeln befestigte, senkrecht orientierte Stängel werden am besten besiedelt, gebündelte, waagerecht ausgerichtete Stängel am schlechtesten. Man schneidet die Stängel mit der Gartenschere auf eine Länge von 50 – 100 cm zu.

➤ Zur Befestigung schlägt man Holzstäbe oder Metallstäbe in den Boden, anschließend bindet man die Stängel mit Draht oder Sisal daran fest. Praktisch sind auch Kabelbinder. Werden die Stängel direkt in den Erdboden gesteckt, verrotten sie durch die Bodenfeuchte sehr rasch und kippen um. Erstaunlicherweise werden frei zugängliche Stängel manchmal auch über die untere Schnittfläche besiedelt.

➤ Alternativ befestigt man zwischen zwei Pfosten parallele Drähte, an denen man die Stängel mit geringem Abstand festbindet.

➤ Auch an einem Zaun aus Brettern, Latten oder Staketen lassen sich die Stängel befestigen.

➤ Bei trockenem, lockerem Boden, zum Beispiel in einem Sandbeet, können die Stängel auch direkt in die Erde gesteckt werden.

Eine Scherenbiene *(Osmia florisomne)* nistet als Sekundärbesiedlerin
in einem verlassenen Fraßgang in einem Holunderstängel.

Markhaltige Pflanzenstängel

**Das wird gebraucht –
Material und Werkzeug**

- Pflanzenarten mit markhaltigen Stängeln: Beifuß *(Artemisia)*, Brombeeren *(Rubus,* höchste Besiedlungsdichte), Disteln *(Cirsium, Carduus)*, Heckenrose *(Rosa canina)*, Herzgespann *(Leonurus cardiaca)*, Himbeere *(Rubus idaeus)*, Holunder *(Sambucus,* wird nur sehr zögerlich besiedelt), Kletten *(Arctium)*, Königskerzen *(Verbascum)*, Sonnenblume *(Helianthus annuus)*
- bei stacheligen Arten Arbeitshandschuhe
- scharfe Gartenschere, Ratschenschere, feinzahnige Säge
- Sisal oder Bindedraht, Kabelbinder, Kabelschellen
- Holzstäbe oder Metallstäbe zum Befestigen der Stängel

93

Hier wird gebaut. Kein Sägemehl, sondern Nagemehl verrät die Bautätigkeit einer solitären Wespe in einem Brombeerstäng

Solitäre Wespe beim Blick aus dem Nesteingang in einem Brombeerstängel.

Totholz

Einige Spezialisten unter den Wildbienen nagen ihre Nistgänge in bereits etwas angemorschtes, aber noch recht festes Totholz. Hier spielt vor allem weißfaules Laubholz eine wichtige Rolle, braunfaules Holz ist zur Besiedelung dagegen nicht geeignet.

Bei Weißfäule bauen Pilze alle drei Komponenten des Holzes ab: Zellulose, Hemizellulose und Lignin. Dieser Abbau ist vor allem für Laubbäume typisch. Weil prozentual mehr Zellulose als Lignin vorhanden ist, herrscht beim Abbau aller drei Komponenten im Endstadium die weiße, faserige Zellulose vor (»Weiß«-Fäule).

Bei Braunfäule werden Zellulose und Hemizellulose durch Pilze abgebaut, das rotbraune Lignin bleibt übrig. Dieser relativ seltene Zersetzungstyp trifft nur auf etwa sechs Prozent der holzzersetzenden Pilze zu, die allesamt zur Gruppe der Ständerpilze *(Basidiomycota)* zählen. Typisch ist dieser Abbau in erster Linie für Nadelbäume, nur selten findet man ihn bei Laubbäumen. Das Holz wird spröde und brüchig, häufig zerfällt es würfelig (Würfelbruch). Im Endstadium lässt sich das Holz zwischen den Fingern zu feinem Pulver zerreiben. Auffällig ist die intensive rotbraune Farbe des zurückbleibenden Lignins (»Braun«-Fäule).

Eine typische Bewohnerin von Totholz ist die Blauschwarze Holzbiene *(Xylocopa violacea)*. Weitere dort nistende Insektenarten sind die Wald-Pelzbiene *(Anthophora furcata)*, die Schwarzbäuchige Blattschneiderbiene *(Megachile nigriventris)*, die Garten-Blattschneiderbiene *(Megachile willughbiella)* und solitäre Wespen der Gattung *Symmorphus*.

Totholz ist nicht nur für Wildbienen, sondern auch für unzählige andere Lebewesen ein unersetzlicher Lebensraum. Daher sollte es in keinem (Natur-)Garten fehlen. Mehr darüber lesen können Sie in meinem Buch »Lebensraum Totholz«.

Bild links: Alte Obstbäume mit einem hohen Anteil an Totholz und Baumhöhlen sollten auf keinen Fall gefällt werden. Sie sind ökologisch sehr wertvoll.

Nisthilfen für Totholzbewohner

- Holzarten: Laubhölzer wie Esche, Eiche, Ahorn, Buche, Obstbaum, Weide, Pappel
- Maße des Holzabschnitts: 50 – 150 cm lang, Stammdurchmesser: ab 20 cm
- Werkzeug:
  - ❖ Kettensäge oder Bandsäge (oder sägen lassen)
  - ❖ Transportkarre oder kräftige Helfer
  - ❖ Schaufel, Spaten, Pickel
- Material und Werkzeug zum Befestigen oder Aufhängen an einer Wand: Bohrmaschine, Dübel, Schrauben, Haken, Ösen, Draht, Schnur
- eventuell Naturmaterial oder Recyclingmaterial fürs Dach

Nisthilfen für Totholzbewohner

Weil die im Totholz gegrabenen Gänge relativ lang sein können – über 30 cm lang –, eignet sich Totholz für den Einsatz in kleinen Nisthilfen nicht. Es passt jedoch in eine größere, überdachte Nisthilfe.

Totholzbeet und einzeln stehende Totholzstämme

Stammstücke, Holzklötze, Balken und dicke Äste können in einem Totholzbeet oder »Käferbeet« locker aufgeschichtet oder einzeln, senkrecht stehend, befestigt werden. Wildbienenarten, die ihre Gänge ins Holz nagen, bevorzugen etwas morsches, außen aber noch überraschend festes Holz. Eine modrige oder pulvrige Konsistenz ist dagegen ungeeignet.

Bei feuchtem Boden stellt man die Stämme (zum Beispiel Weide, Pappel, Obstbaum, Buche, Eiche) am besten auf eine Steinplatte, Ziegel, Dachziegel oder Schotter, um den Verrottungsprozess zu verlangsamen. Ideal ist ein sonniger, windgeschützter Platz, zum Beispiel an einer Hausmauer, Garagen- oder Schuppenwand. Falls man die Stämme senkrecht stehend eingräbt, sollten sie je nach Holzart und Witterung nach drei bis fünf Jahren erneuert werden. Als Schutz vor der Witterung kann der Stamm oben schräg abgeschnitten und mit einem kleinen Dach, zum Beispiel Holzbrettchen, Dachziegel, Aluminiumplatte, versehen werden.

Alte Streuobstwiesen

Sonnige Streuobstwiesen mit altem Baumbestand bieten mit abgestorbenen Ästen und Stammhöhlen wertvolle Nistmöglichkeiten. Totholz sollte daher, wenn irgend möglich, immer am Baum belassen werden.

Falls abgestorbene Bäume aus Angst vor Unfällen gefällt werden müssen, sollte man zumindest ein möglichst langes Stück Stamm stehen lassen. Es erfüllt seinen Zweck als wertvoller Lebensraum noch für Jahrzehnte, ohne eine Gefahr darzustellen. Zumindest der Wurzelstrunk sollte immer im Boden verbleiben.

Weitere Totholzangebote

➤ Beete oder Wege können mit Totholzstämmen gesäumt werden.
➤ Totholz-Palisaden, zum Beispiel als Sichtschutz
➤ Ein hoher Totholzstamm kann von einem Vogelnistkasten gekrönt zum Lebensstamm werden.

Die Idee eines »Käferbeetes« stammt ursprünglich aus England. Von solchen Lebensräumen profitieren sehr viele Arten, die sich im Totholz entwickeln.

Graben

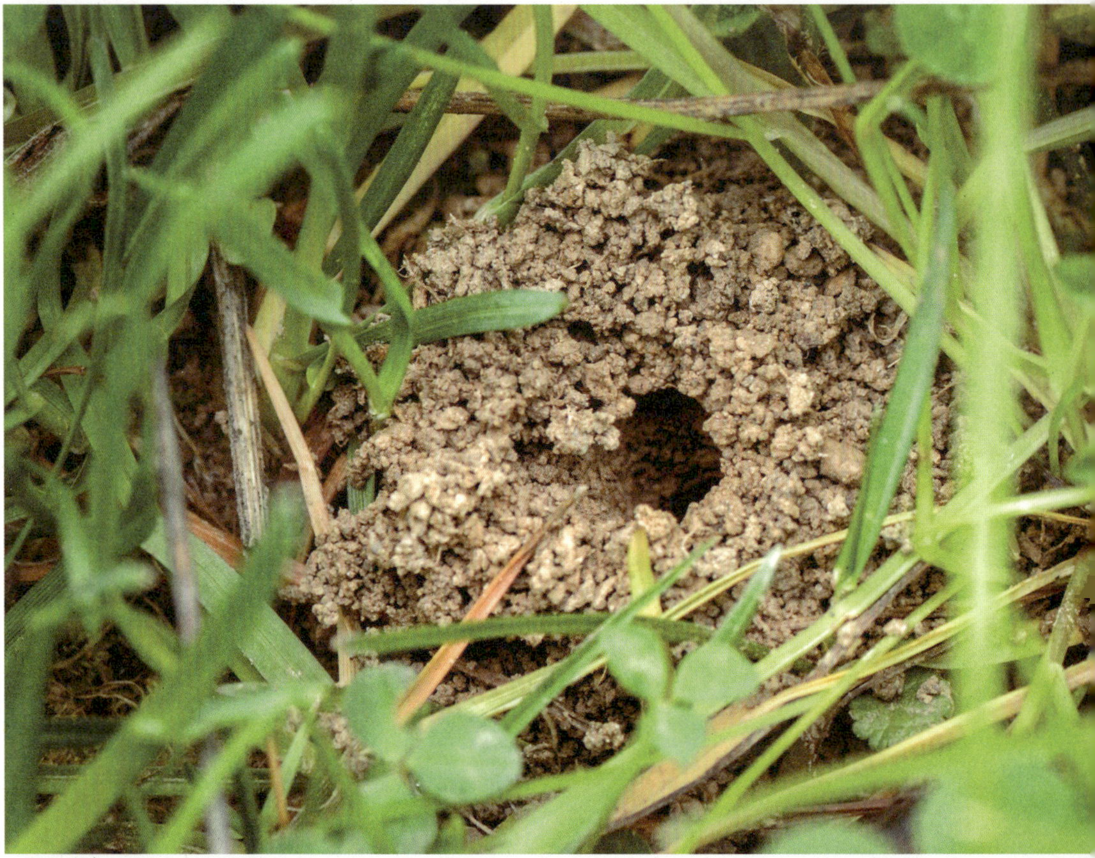
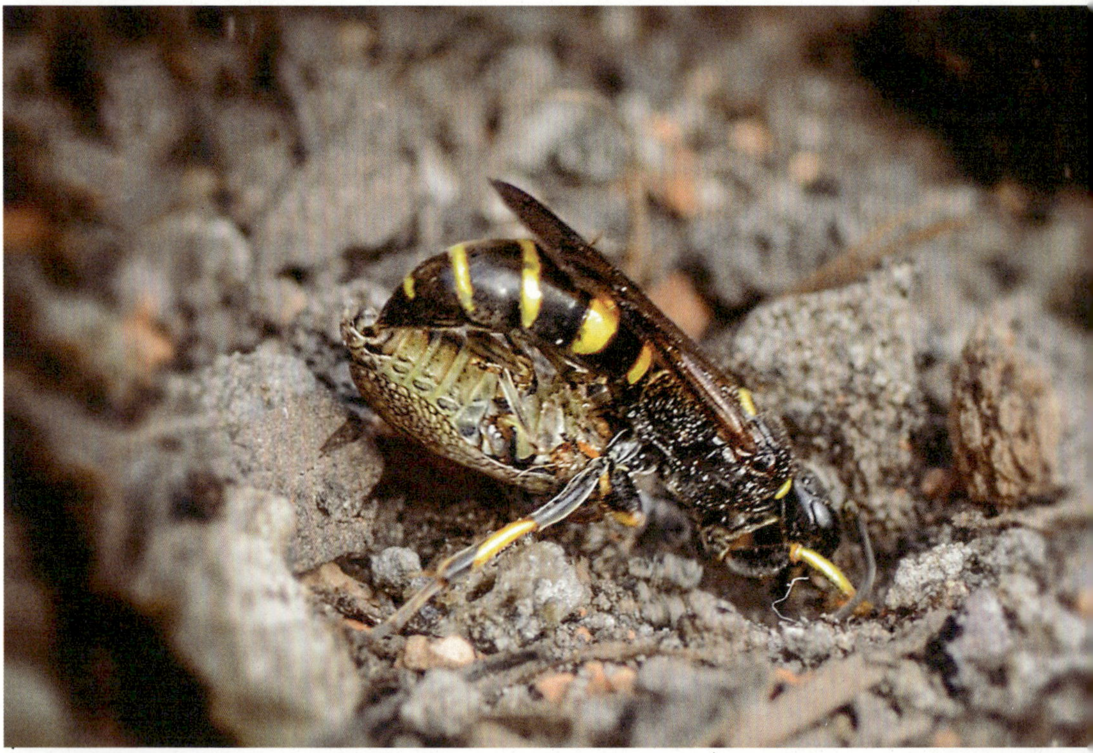

Etwa drei Viertel der einheimischen Wildbienenarten nisten im Erdboden oder in Steilwänden und Abbruchkanten. Die bislang vorgestellten Nisthilfen sind für solche Arten daher wertlos. Aus ökologischer Sicht ist es wichtig, nicht nur klassische Nisthilfen anzubieten, sondern auch Nistmöglichkeiten für die zahllosen Bodennister und Steilwandnister aus den Reihen der solitären Wildbienen und Wespen zu schaffen.

Nisthilfen für Bodennister

Natürlicherweise kommen Bodennister wie die Sandbienen *(Andrena)* in großen Populationen in Magerrasen, an Steilhängen, Steinbrüchen und natürlichen Abbruchkanten vor, wo sie im Frühjahr zu Hunderten umherschwirren. Im Siedlungsraum dienen den Bienen häufig auch unbefestigte Wege und Trampelpfade oder gar sonnige, sandige Parkplatzstreifen als Nistplätze. Nach diesem Vorbild lassen sich unterschiedliche Nistmöglichkeiten gestalten:

➤ Generell eignen sich magere, lückig oder nicht bewachsene Bodenflächen besonders gut. Zum Beispiel in Naturgärten, wo die nährstoffreiche Humusschicht häufig extra abgetragen wird, um mit dem nährstoffarmen Rohboden oder anschließend aufgeschütteten Substraten wie Sand, Kies oder Schotter einen artenreichen Magerstandort zu schaffen. Ein Großteil unserer einheimischen Wildstaudenarten zählt zu derartigen Asketen und kann sich auf fetten Böden nicht dauerhaft halten.

➤ Die Bereiche am Fuße der Hausmauer sind durch das vorspringende Dach gut vor Feuchtigkeit geschützt. Dort kann man den Humus 50 cm tief ausschachten und durch eine Schicht lehmigen beziehungsweise ungewaschenen Sand ersetzen. Gewaschener Sand ist zu locker, als dass er sich für die Anlage der Brutgänge eignet. Auch die euphorischste Wildbiene verliert irgendwann ihre gute Laune,

Bilder links: Nesteingang der Grauen Sandbiene *(Andrena cineraria)* (oben). Eine in einem Blumentopf nistende Grabwespe trägt Beute in ihr Nest ein (unten).

wenn die frisch ausgeschachteten Gänge immer wieder einstürzen. In meinem früheren Garten diente ein solches Sandbeet zahlreichen Wegwespen als Nistplatz. Sie versorgen ihre Larven mit durch einen Stich gelähmten Spinnen.

➤ Wer in seinem Garten nicht auf gepflasterte Wege verzichten will, sollte relativ breite Sandfugen zwischen den Pflastersteinen lassen. Oft sind solche Stellen die einzigen geeigneten Nistmöglichkeiten weit und breit.

➤ Wer in einer Region mit sandigem Boden wohnt, kann auf einer kleinen Fläche die dünne Humusschicht mitsamt Bewuchs entfernen und so den sandigen Untergrund freilegen. Diese Nistmöglichkeit lässt sich durch eine zurückhaltende Bepflanzung mit einheimischen Wildstauden ergänzen, die Pollen und Nektar in Nestnähe liefern.

➤ Lückig bepflanzte Magerstandorte fördern generell nicht nur die Besiedelung durch Bodennister, sondern auch die Aussamung von Wildpflanzen. Denn vor allem einjährige und mehrjährige Wildstauden wie Königskerzen, Wegwarten oder Karden können sich in einer geschlossenen Pflanzendecke auf Dauer nicht halten.

➤ Wer fetten Lehmboden im Garten hat, kann zur Gestaltung von Magerstandorten in sonniger Lage aus Rohboden, Sand oder sandigem Lehm Hügel aufschütten, eventuell mit einer Drainage aus Ziegelbruch oder Kies, um ein rasches Abtrocknen nach Regenfällen zu ermöglichen. Oder man hebt ein Beet von 30 – 50 cm Tiefe aus, begrenzt es mit Totholzstämmen und füllt es mit ungewaschenem Sand.

Nisthilfen für Bodennister

Das wird gebraucht – Material und Werkzeug

- Beetbegrenzung: Totholzstämme oder Natursteine
- frostfeste Balkonkästen, Kisten, Kübel
- ungewaschener Sand oder sandiger Rohboden
- eventuell Ziegelbruch oder Kies als Drainage
- Schaufel, Spaten, Rechen, Schubkarre

Als Kuckucksbiene der Grauen Sandbiene *(Andrena cineraria)* wartet die Wespenbiene *Nomada* auf einen günstigen Moment, um ins fremde Nest zu schlüpfen.

➤ Von Totholzstämmen oder einer Trockenmauer begrenzt, kann ein Sandbeet für Bodennister auch als Hochbeet angelegt werden. Trockenmauern bieten zusätzlichen Lebensraum für viele Pflanzen und Tiere.

➤ Alternativ kann auch die nicht mehr genutzte Sandkiste der Kinder als Sandbeet umfunktioniert werden.

➤ Vertikale Bodenflächen und Abbruchkanten bleiben natürlicherweise lange trocken und vegetationsfrei, daher werden sie gerne besiedelt. Ministeilkanten nach diesem Vorbild lassen sich auch im Garten schaffen, indem man Böschungen und Hügel am Rand vegetationsfrei hält. Solch ein Bodenrelief lässt Kleinstlebensräume entstehen, die die unterschiedlichen Ansprüche von Tierarten und Pflanzenarten erfüllen.

➤ Selbst große, mit Sand gefüllte Blumenkästen und Blumentöpfe werden von manchen Wildbienenarten und solitären Wespen besiedelt. Dort findet man mit etwas Glück die aus zerschnittenen Blattstückchen gebildeten Brut-»Zigarren« der Garten-Blattschneiderbiene *(Megachile willughbiella)* oder die Sandbiene *Andrena flavipes*. Frostfeste Balkonkästen aus Ton können mit natürlich geschichtetem Löss gefüllt und zu einer Ministeilwand gestapelt werden (siehe auch ab Seite 107).

Nisthilfen für Steilwandnister

Vertikale Bodenflächen und Abbruchkanten bleiben lange trocken und vegetationsfrei und heizen sich in sonniger Lage auf, daher werden sie gerne besiedelt. In der Natur findet man sie in Form von Steilwänden oder Uferabbrüchen von Flüssen. In der Kulturlandschaft bieten Sandgruben und Lehmgruben, Weinberge, Hohlwege, Steinbrüche und mit Kalkmörtel oder Lehm verfugte Mauern, zum Beispiel von Fachwerkhäusern, diese Bedingungen. Für viele solitäre Wildbienen und Wespen sind sie Ersatzlebensräume. Dort nisten zum Beispiel die Buckel-Seidenbiene *(Colletes daviesanus)*, Maskenbienen *(Hylaeus)*, Pelzbienen *(Anthophora)* und Schornsteinwespen *(Odynerus)*. Die verlassenen Gänge dieser selbst grabenden Arten werden in der Folge von Mauerbienen, Blattschneiderbienen und Furchenbienen als Nistgelegenheiten genutzt. Die Pillenwespe *(Eumenes pedunculatus)* errichtet aus dem lehmigen Baumaterial ihre krugförmigen Brutzellen.

Nach dem Vorbild dieser ursprünglichen und sekundären Lebensräume lassen sich aus Löss und Lehm attraktive Nisthilfen bauen.

Lösswand

Mithilfe von Pflanzkästen und Löss ist diese einfache Nisthilfe für Wildbienen schnell gebaut. Löss ist ein durch Wind abgelagertes, nicht verfestigtes, poröses und relatives weiches Sediment. Es besteht zu einem Großteil aus Schluff, dessen Korngröße mit 0,002 – 0,063 mm zwischen dem gröberen Sand und dem feineren Ton liegt. Das Material kann leicht mit dem Fingernagel abgeschabt werden. Eine Nisthilfe aus Löss sollte idealerweise aus natürlich vorhandenem Löss, dessen Struktur sich nur schwer kopieren lässt, gebaut werden. Selbstverständlich sollte die Entnahme aus der Natur verantwortungsvoll geschehen und nur dort, wo Löss ohnehin in Mengen vorkommt. Wertvolle Lebensräume dürfen dabei auf keinen Fall zerstört werden.

Bild links: Die Schornsteinwespe *(Odynerus spinipes)* beim Bau ihrer Nistanlage. Zuletzt wird der »Schornstein« wieder abgebaut und das Material zum Verschließen des Nistgangs genutzt.

Der Löss wird mit einem Spaten abgestochen, um seine natürliche Sedimentstruktur zu bewahren, und in frostfeste Kästen aus Ton von mindestens 15 cm Tiefe gefüllt. Alternativ kommen auch Holzkästen in Frage. Die Zwischenräume zwischen dem abgestochenen Löss und dem Rand des Kastens werden mit feuchtem Löss aufgefüllt.

Als Standort eignet sich eine südexponierte Mauer. Die Kästen stapelt man bis zur gewünschten Höhe waagerecht aufeinander. In den Löss werden dann einige Löcher von 5 – 8 mm Durchmesser und 3 – 4 cm Tiefe gedrückt. Diese Löcher locken grabende Wildbienenarten an, die am Ende der Löcher ihre waagerechten, teilweise verzweigten Nistgänge bauen. Der Abstand zwischen den Löchern sollte daher relativ groß sein, etwa 10 cm. Wie ein Sieb durchlöcherte Lehmwände, die man in manchen Nisthilfen sieht, sind für grabende Arten nicht geeignet.

Mauer aus Lehmziegeln

Lehmziegel herzustellen, erfordert viel Zeit und Material. Außerdem ist es schwierig, Material in der erforderlichen Qualität zu finden. Generell eignen sich Lehmziegel nur dann als Nisthilfe für selbst grabende Insekten, wenn sich der Lehm nach dem Trocknen der Ziegel mit dem Fingernagel leicht abschaben lässt. Ton und fetter Lehm, die häufig zum Bau von Weidenruten-Lehmwänden dienen, werden nach dem Trocknen sehr hart und sind daher nicht als Nistmaterial für diese Wildbienen geeignet. Eine Beimengung von Erde macht Ton und fetten Lehm zwar weicher, fördert aber aufgrund der organischen Bestandteile die Verpilzung der Brutzellen. Auch die Beimengung von feinkörnigem Sand ist nicht sinnvoll, weil die scharfkörnigen Sandkörner zu einer raschen Abnutzung der Mundwerkzeuge der Wildbienen führen können. In der Praxis bewährt haben sich Fertigprodukte aus dem Bio-Baustoffhandel wie Lehm-Oberputz (Lehm gemahlen), zum Beispiel von der Firma CLAYTEC in Viersen, sowie fertige ungebrannte Lehmziegel. Ziegel mit einer Beimengung von Holzfasern oder Stroh werden von Wildbienen kaum besiedelt. Besser geeignet sind Ziegel aus reinem Lehm.

Lösswand und Mauer aus Lehmziegeln	Das wird gebraucht – Material und Werkzeug

- Löss
- Lehmziegel, Lehmputz (Lehm gemahlen, 0 – 0,5 mm)
- frostfeste Balkonkästen, Kisten, Kübel
- Schaufel, Spaten, Kelle, Spachtel
- Arbeitshandschuhe
- Bohrmaschine mit Rühraufsatz
- Bohrer

Legt man die ungebrannten Lehmziegel auf die bloße Erde, ziehen sie Feuchtigkeit aus dem Boden. Deshalb ist es sinnvoll, als Wassersperre ein Fundament aus gebrannten, wasserfesten Backsteinen oder Ziegeln aufzumauern. Die Mauer sollte vor Regen geschützt stehen, zum Beispiel vor einer überdachten Hauswand. Steht die Mauer frei, schützt man sie mit einem eigenen kleinen Dach.

Besiedelt werden vor allem die Lehmfugen zwischen den Lehmziegeln. Die Fugen sollten deshalb mit einer Breite von etwa 3 cm breiter sein als bei einer normalen Mauer. Das Lehmpulver wird mit Wasser zu einer teigigen Konsistenz angerührt, am besten mithilfe einer Bohrmaschine mit Rühraufsatz. Achtung: Je feuchter die Masse ist, desto höher ist die Wahrscheinlichkeit, dass beim Trocknen Risse entstehen. Vor dem Aufbringen des Lehmmörtels werden die Lehmziegel befeuchtet, um eine gute Verbindung zu gewährleisten. Um Rissbildung zu vermeiden, sollte der Lehm möglichst langsam trocknen. Es ist daher sinnvoll, die Mauer so lange durch Abdeckung vor direkter Sonneneinstrahlung zu schützen, bis sie trocken ist. Ist der Lehm getrocknet, bohrt man in die Fugen – wie bei der Lösswand (siehe Seite 108) – einige Löcher von 5 – 8 mm Durchmesser und 3 – 4 cm Tiefe, um grabende Wildbienenarten anzulocken. Diese können sich dann in den ungebrannten Ziegeln und in den Fugen ansiedeln.

Antworten auf wichtige Fragen

Nisthilfen anbringen und aufstellen

Beim Anbringen der Nisthilfen sind im Wesentlichen drei Aspekte zu beachten, die über eine gute Besiedelung entscheiden: sonniger Standort, freie Anflugschneise, gute Befestigung.

Sonniger und trockener Standort

Ein sonniger, stauwarmer, windgeschützter Platz eignet sich als Standort für die Nisthilfen am besten. Optimal ist eine Ausrichtung nach Südosten bis Südwesten. Die feuchte und kühle Nordseite ist am wenigsten geeignet.

Wärme und Trockenheit sind die wichtigsten Faktoren für eine normale Entwicklung der Brut. Mit dem Pollen werden immer auch Schimmelpilzsporen in die Brutzellen eingetragen. Sie keimen unter für sie günstigen Bedingungen – wenn es feucht ist – und durchwuchern das Pollen-Nektar-Gemisch. Die Bienenbrut kann sich in diesen verschimmelten Zellen nicht entwickeln und stirbt ab.

Aus diesem Grund sollte die Nisthilfe vor direktem Regen geschützt werden und nicht in Richtung »Wetterseite« zeigen. Bei Hartholzklötzen hat es sich als günstig erwiesen, zwischen Mauer und Holz einen Abstandhalter anzubringen, das Holz also nicht unmittelbar auf der Mauer anliegen zu lassen. Auch ein kleines Dach zum Schutz der Nisthilfe kann sinnvoll sein. Es sollte allerdings nicht zu weit ausladend sein, weil es dann für eine relativ starke Beschattung sorgt, die eher ungünstig ist. Als Material können Dachziegel, Schiefer, Holzbrettchen mit Dachpappe, Aluminiumblech, Kunststoffschindeln und Ähnliches verwendet werden. Dächer aus Plexiglas halten den Regen ab, gleichzeitig lassen sie das Licht ungehindert durch.

Zum Schutz vor Feuchtigkeit sollten Nisthilfen nie unmittelbar auf dem Erdboden stehen, sondern aufgehängt oder in einem Regal, in einer Holzkiste oder Ähnlichem platziert werden. Am Boden lassen in der Regel

Bild links: Eine Übersicht über die auf meinem Balkon aufgestellten Nisthilfen, die sich seit vielen Jahren in der Praxis bewähren.

Wichtige Termine im Wildbienenjahr

Aufstellen von Nisthilfen

Nisthilfen können während des gesamten Jahres aufgestellt werden. Die Saison beginnt in der Regel im März mit dem Schlupf der Gehörnten Mauerbiene und endet im August bis September. In der Regel schlüpft eine Generation, nur sehr selten gibt es während desselben Frühjahrs und Sommers eine zweite Generation. Die verschiedenen Wildbienenarten und Wespenarten haben unterschiedliche Zeitfenster im Jahresverlauf. Je später Sie die Nisthilfe aufstellen, desto weniger Arten können sich im selben Jahr noch ansiedeln. Im nächsten Jahr steht sie dann aber dem gesamte Artenspektrum zur Verfügung.

Flugzeiten

Die Flugzeiten können klimatisch bedingt regional voneinander abweichen. Hier nur die mit Abstand häufigsten Arten an Nisthilfen (nach Dr. Paul Westrich):

- Gehörnte Mauerbiene *(Osmia cornuta):* Flug von Mitte März bis Anfang Mai. Bei günstiger Witterung können die ersten Männchen schon Ende Februar schlüpfen. Die Männchen schlüpfen im Schnitt vier bis 12 Tage vor den Weibchen. Die Nistaktivität beginnt frühestens ab Mitte März, das Maximum liegt meist Ende April, Anfang Mai, Nistaktivität bis in den Juni.
- Rostrote Mauerbiene *(Osmia bicornis):* Flug von Anfang April bis Mitte Juni. Haupt-Nistaktivität von Anfang Mai bis Mitte Juni. Diese Art erscheint in der Regel erst dann, wenn die Gehörnte Mauerbiene bereits ihre Brutzellen anlegt.
- Hahnenfuß-Scherenbiene *(Osmia florisomnis):* Flug von Ende April bis Ende Juni. Die Haupt-Nistaktivität liegt im Mai.
- Gewöhnliche Löcherbiene *(Osmia truncorum):* Flug von Mitte Juni bis Mitte September. Die Haupt-Nistaktivität findet von Anfang Juli bis Ende August statt, in milden Spätsommern erstreckt sie sich bis Ende September.

Reinigung der Nisthilfen

Im Herbst (Oktober) oder Frühjahr im (Februar). Zu diesen Zeiten sollte die Aktivitätsphase der solitären Wildbienen und Wespen bereits komplett abgeschlossen sein oder noch nicht begonnen haben.

auch Ameisen nicht lange auf sich warten, die großes Interesse an den Pollen-Nektar-Vorräten in den Brutzellen haben. Auch ein Standort in einer Baumkrone ist in der Regel zu schattig und zu feucht.

Für die optimale Befestigungshöhe gibt es keine Norm: Hängen Sie die Nisthilfe ganz einfach in Ihrer eigenen Augenhöhe auf. Dadurch wird Ihr Rücken beim Beobachten und Fotografieren deutlich geschont.

Ein Spezialfall ist die Rostrote Mauerbiene. Sie mag zwar durchaus sonnige Standorte, der Nisteingang sollte aber vom Licht abgewandt sein. Wenn man mehrere speziell für Mauerbienen vorgesehene Nisthilfen aufstellt, kann man diese Hypothese testen. Eine Nisthilfe wird dem Licht zugewendet, eine zweite um 90° und eine dritte um 180° gedreht. Die Besiedelung sollte dann genau in dieser Reihenfolge stattfinden, falls die Mauerbienen die entsprechenden Veröffentlichungen gelesen haben. Anderseits sind speziell Mauerbienen immer für Überraschungen gut.

Freie Anflugschneise

Die Anflugschneise, also der Raum unmittelbar vor der Nisthilfe, sollte frei und nicht durch Äste, Pflanzen oder andere Objekte verdeckt sein. Nisthilfen an einem Baum sollten nicht in der Baumkrone, sondern am Stamm befestigt werden, wo ausreichend Sonnenstrahlen sie erreichen. Weitmaschiger Kaninchendraht vor der Nisthilfe als Schutz vor Vögeln (siehe Seite 125) behindert die anfliegenden Bienen nur wenig.

Stabile Aufhängung

Frei an einem Ast oder Haken pendelnde Nisthilfen entsprechen nicht den natürlichen Nistgelegenheiten, erschweren den Anflug und lassen die Bienenbrut seekrank werden. Solche Nisthilfen werden in der Regel kaum besiedelt. Stellen Sie die Nisthilfe besser auf eine Unterlage oder befestigen Sie sie so, dass sie nicht pendeln kann.

Nisthilfen pflegen

Die Reinigung der Nisthilfen wird in der Regel von den dort nistenden Wildbienen selbst übernommen, ein Eingreifen des Menschen ist nur in Ausnahmefällen nötig. Grundsätzlich lassen sich zwei Strategien unterscheiden, wie Wildbienen bereits genutzte Nistgänge säubern: à la Junggeselle und à la Hausfrau.

Wann reinigen, wann austauschen?

Eine Reinigung bietet sich generell nur bei robusten Nisthilfematerialien, wie Hartholzklötzen, Nisthilfen aus gebranntem Ton oder Bambusstängeln, an. Bei Naturstrohhalmen oder Schilf ist es meist einfacher, das Material ganz auszutauschen.

Frühjahrsputz Marke Junggeselle

Die beiden häufigsten einheimischen Mauerbienenarten, die in Nisthilfen große Bestände aufbauen können, sind die Gehörnte Mauerbiene *(Osmia cornuta)* und die Rostrote Mauerbiene *(Osmia bicornis)*. Sie erscheinen im März bis April als erste Arten an unseren Nisthilfen und läuten so jedes Jahr die Wildbienensaison ein. Beide beziehen nur ungern alte Nistgänge, in denen sich die Reste der Lehmtrennwände, nicht verzehrte Pollen, Kokonhüllen, Larvenkot und abgestorbene Larven befinden.

Manchmal werden diese Überbleibsel in den Nistgängen einfach nach hinten geschoben, verdichtet und hinter einer Trennwand zur Ruhe gebettet. Aus dem Auge, aus dem Sinn! Der zur Verfügung stehende freie Nistraum wird somit jedes Jahr geringer. Sehr selten habe ich einzelne Exemplare dabei beobachtet, wie sie zum Beispiel leere Kokonhüllen mit den Mandibeln nach draußen zerren. Wenn möglich, besiedeln Rostrote Mauerbiene, Gehörnte Mauerbiene sowie Blattschneiderbienen neue, saubere Nistgänge.

Es ist daher sinnvoll, ab und zu weitere Nistmöglichkeiten speziell für diese Wildbienenarten anzubieten oder die alten, offenen, unbesiedelten Brutgänge im Herbst oder im zeitigen Frühjahr, also nach oder noch vor der Saison, zu reinigen (siehe Seite 119) oder auszutauschen (siehe Seite 121). Nicht während der Saison von März bis Juni, denn dann könnten in der Tiefe des Ganges bereits erste Brutzellen angelegt sein, die bei der Reinigung zerstört würden.

Um auszuschließen, dass sich in der Tiefe einzelne, besiedelte Brutzellen befinden, leuchtet man mit einer starken Taschenlampe in die Gänge. Hierfür eignen sich besonders gut die sehr hellen LED-Lampen, deren Strahl sich bündeln lässt. Falls sich in der Tiefe der Niströhre intakte Brutzellen befinden, kann man sie anhand der Trennwand, die jede Brutzelle abschließt, gut erkennen. Normalerweise wird eine Niströhre aber vollständig mit Brutzellen bestückt und mit einem Verschlussdeckel nach außen hin abgeschirmt. Bei Mauerbienen bleibt die vorderste Brutzelle (Atrium) immer leer, vermutlich ein Schutz vor Parasiten. Offene Nistgänge außerhalb der Saison sind deshalb in der Regel komplett leer, es sei denn, die Wildbiene hatte vor der Fertigstellung einen Unfall oder der Verschluss wurde von einem Vogel aufgepickt.

Frühjahrsputz Marke Hausfrau

Zwei weitere sehr häufige Arten an unseren Nisthilfen sind die 4 – 8 mm große Gewöhnliche Löcherbiene *(Osmia truncorum)* und die 8 – 11 mm große Hahnenfuß-Scherenbiene *(Osmia florisomne)*. Wenn die Saison der Löcher- und Scherenbienen beginnt, ist das nicht zu übersehen. Alle Weibchen sind emsig damit beschäftigt, die alten Niströhren nach dem Schlüpfen zu säubern und den Müll vor die Tür zu bringen. Dank dieses exzessiven Frühjahrsputzes wachsen am Fuße der Nisthilfe binnen weniger Tage charakteristische, erstaunlich umfangreiche Müllmoränen heran. Unberührt vom Frühjahrsputz bleiben Niströhren mit intaktem äußeren Verschlussdeckel. Diese werden generell nicht aufgenagt.

Der Frühjahrsputz bei den Löcher- und Scherenbienen ist gekennzeichnet durch solche Müll-Endmoränen, die sich am Fuße der Nisthilfen ansammeln.

Unabhängig vom normalen Frühjahrsputz öffnen manche Scherenbienen auch die bereits fertig verschlossenen Brutzellen anderer Weibchen und schaufeln den mühsam eingetragenen Pollen komplett nach draußen. Auch die sich bereits entwickelnden Bienenlarven werden radikal an die Luft gesetzt. Auf meinem Balkon wurden sie dort rasch von Ameisen entdeckt, die diese fetten Proteinhäppchen sofort voller Begeisterung abtransportierten. Im Gegensatz zu den ausgebleichten Pollenresten des Vorjahres sticht die leuchtend gelbe Farbe des ausgeräumten Pollens sofort ins Auge und verrät die illegale Wohnungsbesetzung. In der nun freien Niströhre legt das Weibchen seine eigenen Brutzellen an und füllt sie mit neu gesammeltem Pollen. Dieses Verhalten tritt auch dann auf, wenn ausreichend Nistraum vorhanden ist.

Dank dieser jedes Frühjahr stattfindenden Putzorgie können die Nistgänge viele Jahre hintereinander besiedelt werden, ohne dass der Mensch zusätzlich eingreifen muss.

Einzelne Niströhren reinigen

Larven können absterben, sei es durch Verpilzung, Befall mit Parasiten oder andere Ursachen. Von außen ist das nicht zu erkennen. Hinter einem geschlossenen Verschlussdeckel kann sich sowohl gesunde Brut als auch ein Mausoleum befinden. Ein kleines Loch im Verschlussdeckel weist eindeutig auf einen Befall mit der Taufliege *Cacoxenus indagator* hin. Bleibt dieser Deckel mit Loch nach Beginn der Wildbienensaison bestehen, sind alle dahinter liegenden Brutzellen leer (siehe Seite 83). Im Laufe der Jahre nehmen die Gänge mit abgestorbener Brut langsam zu und der freie Wohnraum verringert sich. Um solche Gänge zweifelsfrei identifizieren zu können, sind ein wenig Arbeit und ein Jahr Wartezeit erforderlich.

Im Herbst, wenn keine Wildbienen mehr schlüpfen, wird jeder Verschlussdeckel mit einem farbigen Punkt markiert, indem man mit einem Pinsel etwas Wasserfarbe aufträgt. Sobald die Wildbienen im nächsten Frühjahr schlüpfen, zerstören sie den Verschlussdeckel und damit auch den Markierungspunkt. Im selben Jahr neu angelegte und verschlossene Brutzellen haben einen komplett neu gebauten Verschlussdeckel, der dann natürlich keine Farbmarkierung trägt. Hinter allen Deckeln, die im Herbst immer noch ihre farbige Markierung tragen, hat sich also ein ganzes Jahr lang nichts getan, die Brut ist daher mit Sicherheit abgestorben.

Im Fall von Hartholz oder gebrannten Ziegeln können diese Gänge nun unbesorgt gereinigt werden. Hohle Pflanzenstängel – mit Ausnahme der sehr robusten Bambusstängel – tauscht man dagegen besser aus (siehe Seite 121), als dass man sie reinigt.

Zum Reinigen kann man die Niströhren von Hand mit einer langen Schraube frei bohren oder eine Bohrmaschine mit niedriger Drehzahl nutzen. Alternativ durchstößt man die Zelltrennwände mit einer Stricknadel, einer Stechahle, einem Handbohrer, einem Schaschlikspieß oder einem Draht bis zum Gangende. Nach ein paar Wiederholungen befindet sich vor allem in den großen Brutzellen der Mauerbienen nur noch loses Material in den Röhren, die Lehmdeckel zerbröseln sofort. Im Anschluss kann das lose Material mit einer Schraube, Bohrern, Pfeifenreinigern oder kleinen Düsen- und Airbrushbürstchen entfernt werden. Speziell bei den

Harztrennwänden der Löcherbienen ist diese Prozedur ziemlich mühselig und eine klebrige Angelegenheit, umso mehr entschädigt der intensive, aromatische Duft nach Harz. Nach dieser Generalüberholung bietet die Nisthilfe wieder das volle Wohnungsangebot. Dieser aufwendige Akt ist natürlich nicht jedes Jahr erforderlich. Wer ganz darauf verzichten will, bietet bei Komplettbesiedelung zusätzlich neue, leere Nisthilfen an.

Stört die Reinigung?

Stört die Reinigung einzelner Niströhren die lebende Bienenbrut in benachbarten Röhren derselben Nisthilfe? Schwer zu beantworten. Doch in der Mauerbienenzucht werden die Kokons sogar komplett aus den Nisthilfen entfernt, in einem Sieb abgewaschen und dann in Kartons gelagert. Die Kokons werden verschickt, und die Schlupfrate liegt bei nahezu 100 Prozent. Zumindest Mauerbienen sind also hart im Nehmen. Zum Zeitpunkt einer Reinigung ist die Entwicklung der Bienen bereits abgeschlossen, bei vorsichtiger Vorgehensweise dürfte die Störung also gering sein.

Der typische »Müll« in den Brutzellen:
1 Schimmel
2 abgestorbene Larve
3 Mauerbienenkokons mit den typischen Kotkrümeln
4 Kotschnüre der Taufliege *Cacoxenus indagator*

Ein Mauerbienenmännchen *(Osmia cornuta)* beißt sich durch den Lehmdeckel ins Freie. Dabei zerstört es die gelbe Markierung und signalisiert damit dem Beobachter: Der Inhalt dieses Röhrchens war offensichtlich lebendig!

Austausch alter Nisthilfen

Im Laufe der Jahre nagt der Zahn der Zeit auch an den Nisthilfen, manchmal ist es daher sinnvoll, einzelne lädierte und schon etwas marode Exemplare auszutauschen.

Um den noch darin lebenden Wildbienen Gelegenheit zum Schlüpfen zu geben, gleichzeitig aber eine Neubesiedelung während der Saison zu vermeiden, greift man zu einem Trick. Im Frühjahr setzt man die Nisthilfe in einen lichtdichten Kasten oder Karton, wo sie während des ganzen Jahres bleibt. Durch ein einzelnes kleines Loch haben die schlüpfenden Wildbienen die Möglichkeit, den Karton zu verlassen. Weil sie sich am Licht orientieren, finden sie problemlos nach draußen. Um auszuschließen, dass nun einzelne Wildbienen von außen durch dieses Loch wieder in den Kasten eindringen, um die Nisthilfe erneut zu besiedeln, platziert man die Nisthilfe im Karton so, dass ihre Öffnungen vom Lichtloch wegzeigen. Damit ist eine Neubesiedlung so gut wie ausgeschlossen. Am Ende des Jahres kann die jetzt komplett leere Nisthilfe entsorgt werden.

Paarung

Die Männchen der Mauerbienen – man erkennt sie an ihrem weißen »Bart« und den längeren Fühlern – schlüpfen im Frühjahr einige Tage vor den Weibchen. Danach umschwirren sie unablässig die Nisthilfen und warten auf das Erscheinen der Weibchen. Die Paarung findet unmittelbar nach dem Schlüpfen der Weibchen statt, häufig wird ein einziges Weibchen von vielen Männchen umklammert und diese Bienenkugel stürzt irgendwann zu Boden. Vor der Paarung klammert sich das Männchen mehrere Stunden lang an das Weibchen, hierbei setzen sich vermutlich die stärkeren Männchen durch.

Wildbienenschlaf: von Kieferorthopäden nicht empfohlen

Die Schlafgewohnheiten solitärer Wildbienen erscheinen uns ausgesprochen bizarr und alles andere als bequem. Als Schlummervorbereitung verbeißen sich die Bienen mit ihren Mandibeln in Pflanzenteile wie Blattstiele, Ästchen oder Grashalme. Der Körper hängt regungslos nach unten oder wird sogar steif abgestreckt.

Schutz vor Vögeln

Insekten sind eine hochwertige Proteinquelle. Sie enthalten alle essenziellen Aminosäuren, die der menschliche Körper nicht selbst synthetisieren kann, sondern mit der Nahrung aufnehmen muss. Entomophagie – der Verzehr von Insekten – ist daher eine sinnvolle Überlebensstrategie in der Natur. Diese Erkenntnis ist für die modernen Vögel seit etwa 25 Millionen Jahren ein ziemlich alter Hut. Speziell zur Aufzucht ihrer Jungen stehen bei vielen Vogelarten ausschließlich Insekten auf dem Speiseplan.

Ein Garten mit üppigem Angebot an blühenden Wildstauden, Sträuchern und Bäumen lockt zahlreiche Insekten an, von denen auch die Vogelwelt profitiert. In den meisten Gärten sind die gefiederten Gäste gern gesehen. Beim Thema Nisthilfen für Wildbienen kann es jedoch zu gewissen Interessenkonflikten zwischen Gartenbesitzer und Vogel kommen. Manche Meisen jagen ihre Beute gezielt im Schilfröhricht, wo sie die Halme aufschlitzen, um an die dort überwinternden oder sich dort entwickelnden Insekten und ihre Larven zu gelangen. Einige besonders pfiffige Vertreter der Vogelwelt sind nun offensichtlich zu der Erkenntnis gelangt, dass es sich bei unseren Nisthilfen um ein waagerecht wachsendes Schilfdickicht mit einem geradezu sensationell üppigen Nahrungsangebot handelt. Klar, dass eine solche Nachricht die Runde macht …

Wenn also Naturstrohhalme oder Schilf nur lose in einem Behälter stecken, wendet der Vogel seine bewährte Strategie an. Die Halme werden einzeln aus der Nisthilfe gezogen, sorgfältig mit dem Schnabel aufgeschlitzt und komplett ihres kulinarischen Inhalts entledigt. Falls die Halme festgeklebt oder anders fixiert sind, kommt der Vogel zwar nur so weit, wie sein Schnabel reicht, aber auch dann leidet die Optik drastisch. Der hingebungsvolle Eifer, mit dem eine Meise ihr Werk vollbringt, ist zwar bewundernswert, stößt aber beim Nisthilfenfreund in der Regel auf wenig Gegenliebe. Sollte sich dann auch noch ein Specht einstellen, wird Schilf im Handumdrehen zu Kuschelmulch und selbst Bohrungen in Eichenbalken verwandeln sich in eine Kraterlandschaft.

Bild links: Kraterförmige Erweiterungen der Bohrlöcher sind typisch nach einem Spechtbesuch.

Auf meinem Balkon hat sich dieses Problem bisher glücklicherweise nicht gestellt und auch in vielen Gärten haben die Vögel diese zusätzliche Nahrungsquelle noch nicht entdeckt. Einen Schutz vor Vogelfraß würde ich daher immer erst anbringen, wenn aktuell Probleme auftreten, und nicht schon vorbeugend. Drahtgitter – die klassische Maßnahme – sind zum einen nicht sonderlich attraktiv und können vor allem beim Fotografieren wirklich nerven. Im Folgenden einige Tipps, die im Bedarfsfall helfen können.

Im Winter – außerhalb der Wildbienenflugzeit – kann die Nisthilfe durch eine massive Platte geschützt werden, die in 1 – 2 cm Abstand vor ihr befestigt wird. Die Platte kann aus massivem Holz sein oder aus beschichtetem Sperrholz, Kunststoff, Aluminium, Stahl – wichtig ist vor allem, dass sie den nötigen Schutz gewährt. Sie hält zusätzlich auch den Einfluss extremer Witterung gering. Manche Anbieter fertiger Nisthilfen liefern solche Platten auch als Zubehör. Vor Beginn der Saison im Frühjahr wird diese Platte natürlich wieder entfernt. Während der Saison muss der freie Anflug für Wildbienen und Wespen gewährleistet sein.

In Vogelschutznetzen können sich Vögel mit ihren Krallen verheddern und danach kläglich zugrunde gehen. Der Einsatz solcher Netze verbietet sich daher von selbst!

Bewährt hat sich dagegen das Anbringen von Maschendraht oder Kaninchendraht vor der Nisthilfe. Liegt der Draht unmittelbar auf der Nisthilfe auf, ist diese Maßnahme natürlich wirkungslos, weil der Vogel die Halme mit seinem Schnabel dennoch erreicht. Ein Abstand von 5 – 10 cm zwischen Gitter und Nisthilfe stellt dagegen für fast jeden Vogel eine unüberwindliche Barriere dar. Extrem langschnäbelige Vogelarten wie Reiher und Störche greifen glücklicherweise nicht auf dieses Nahrungsangebot zurück.

Das Drahtgitter können Sie auf einem Holzrahmen festtackern und diesen dann vor der Nisthilfe befestigen. Alternativ können vier Metallhaken in die Frontseite der Nisthilfe gedreht werden, in die Sie das Drahtgitter einhängen. Eine weitere Möglichkeit besteht im Spannen von waagerechten und senkrechten Drähten oder Schnüren.

Falls Sie nun aber beim Anblick jedes Vogels das schlechte Gewissen packt, können Sie eine zusätzliche Fütterung im Garten in Erwägung ziehen. Die ganzjährige Vogelfütterung wird von vielen Ornithologen mittlerweile für sinnvoll und wichtig erachtet.

Stiche durch Wildbienen?

Stechen Wildbienen? Wie steht es um allergische Reaktionen? Solche und ähnliche Fragen werden mir immer wieder gestellt. Viele Menschen sind verunsichert, wie sie mit diesen – vielleicht ja doch gefährlichen? – Insekten umgehen sollen. Glücklicherweise lässt sich die Angst vor einem Stich durch ziemlich stichhaltige Argumente entkräften.

Alle Wildbienenarten zählen zu den Stechimmen, die typischerweise alle einen Stachel haben. Bei den Grabwespen, Wegwespen und Faltenwespen dient dieser in erster Linie zur Lähmung der Beutetiere, von denen sich die heranwachsenden Wespenlarven ernähren. Bienen haben sich vermutlich vor etwa 100 Millionen Jahren aus grabwespenähnlichen Vorfahren entwickelt. Deren Larven ernähren sich im Gegensatz zu Wespenlarven rein vegetarisch. Der Stachel dient den Bienen nur zur Verteidigung. Er leitet sich stammesgeschichtlich vom Eiablageapparat ab. Bestechungsversuche sind damit eine reine Domäne der Frauenwelt und Wildbienenweibchen im wahrsten Sinne des Wortes »bestechende« Schönheiten. Männliche Bienen, die Drohnen, können generell nicht stechen.

Solitäre Wildbienen können also stechen, glücklicherweise machen sie in der Praxis so gut wie nie von dieser Fähigkeit Gebrauch.

Die menschliche Haut ist zäh und elastisch. Nur große Bienenarten wie die Hummeln, Holzbienen, Mauerbienen oder Blattschneiderbienen sind überhaupt in der Lage, diese Barriere zu durchstechen. Ein nur wenige Millimeter großes Maskenbienchen scheitert hier kläglich. Die Dimension eines Stachels wird häufig überschätzt. Bei unserer größten einheimischen Stechimme, einer Hornissenkönigin, ist er maximal 3,5 mm lang.

Bild oben: Ein Trippeldecker aus zwei Männchen und einem Weibchen der Gehörnten Mauerbiene *(Osmia cornuta)* hat es sich auf meiner Hand gemütlich gemacht. Gefahr besteht hier keine.

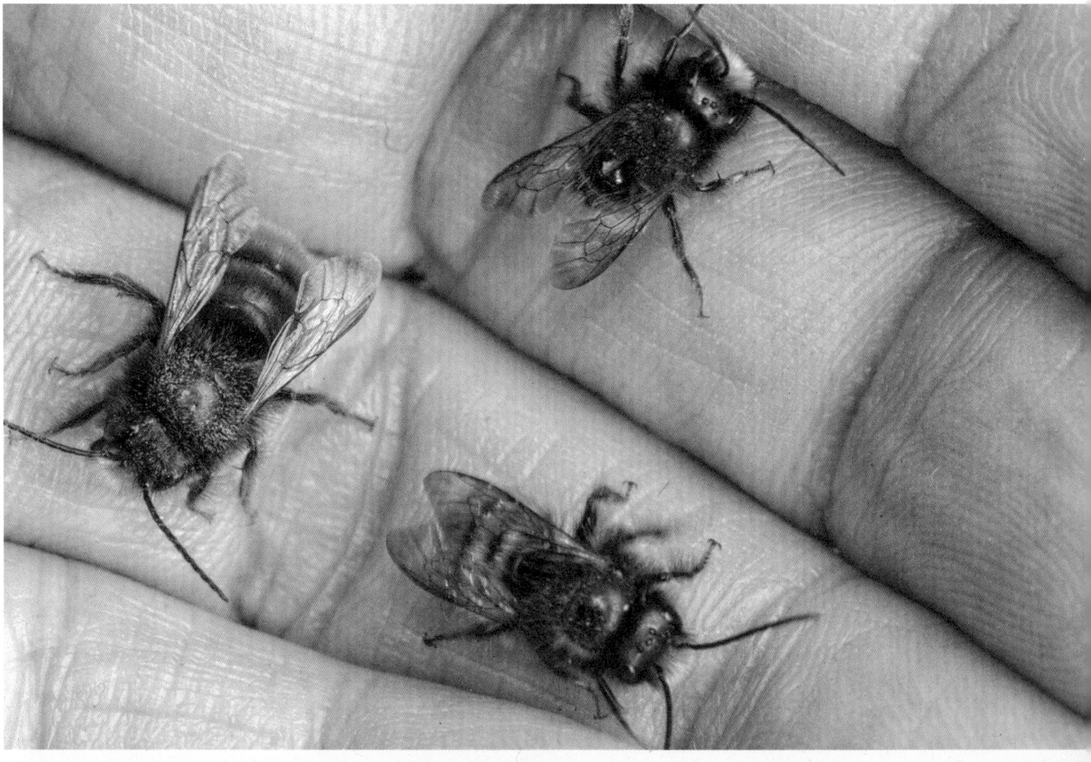

Obwohl der Stachel bei Bienen und Wespen kleine Widerhaken hat, können die meisten Arten ihn nach dem Stich wieder aus der Haut ziehen. Pro Stich wird nur ein Teil des Giftes, das sich in der Giftblase befindet, abgegeben. Lediglich bei der Honigbiene ist eine Art Sollbruchstelle am Hinterleib eingebaut. Der auch im isolierten Zustand voll funktionsfähige Stechapparat wird bei ihr im Falle eines Stiches komplett aus dem Hinterleib gerissen und verbleibt in der Haut. Damit kann die Giftblase bis zum letzten Tröpfchen entleert werden und der Stich zeigt die maximale Wirkung. Dieses unterschiedliche Verhalten ist im gänzlich anderen Leben der Staaten bildenden und als Volk überwinternden Honigbiene begründet. Um die Brut und die Honigvorräte, die für die Überwinterung des Bienenvolkes lebensnotwendig sind, zu verteidigen, ist der Opfertod vieler Arbeiterbienen biologisch durchaus sinnvoll. Die Bienenkönigin verbleibt gut geschützt im Stock und kann solche Verluste durch ihre unermüdliche Eiablage ausgleichen.

Wirkung eines Stichs

Eine Wildbiene sticht nur dann, wenn sie gewaltsam gegen eine dünne, nackte Hautstelle gepresst wird, eine solche Konstellation ergibt sich in der Praxis nur sehr selten. Um die Wirkung eines Stichs selbst beurteilen zu können, habe ich ein kräftiges Weibchen der Gehörnten Mauerbiene mit dem Finger gegen meinen Handrücken gedrückt. Erst im vierten Anlauf platzte ihm der Kragen, was man der Biene nun wirklich nicht verdenken kann. Das Resultat war geradezu enttäuschend unspektakulär. Ein leichter brennender Schmerz, der sofort wieder abklang, mehr nicht! Lokalreaktionen des Gewebes wie Rötung, Schwellung, Juckreiz oder Überwärmung traten überhaupt nicht auf. Bei einer Honigbiene oder sozialen Faltenwespe wäre das Ergebnis wesentlich spektakulärer gewesen. Abgesehen von schrulligen Biologen dürfte in der Regel wohl kaum jemand derart flegelhaft mit einem Wildbienenweibchen umspringen.

Bild unten links: Nur die Weibchen können stechen. Diese Männchen der Gehörnten Mauerbiene *(Osmia cornuta)* – erkennbar an dem weißen »Bart« und den langen Fühlern – sind dazu nie in der Lage.

Allergien

Entgegen der weit verbreiteten Meinung ist das Auftreten von Schmerz, Rötung und Schwellung an der Stichstelle eine ganz normale lokale Gewebereaktion. Derartige Symptome sind kein Anzeichen für das Vorliegen einer Insektengiftallergie! Bei einer echten allergischen Reaktion kommen zu den lokalen Hautreaktionen Atemnot, Übelkeit, Schwindelgefühl und Herz-Kreislauf-Beschwerden hinzu, die im schlimmsten Fall in einem anaphylaktischen Schock, also einem kompletten Kreislaufzusammenbruch, enden können. Wer eine Insektengiftallergie hat, weiß das hoffentlich und hat im Idealfall immer ein Notfallset dabei. Es enthält ein Antihistaminikum, Kortisontabletten und einen Adrenalin-Autoinjektor, um sofort wirkungsvolle Gegenmaßnahmen einleiten zu können. Gerade Allergiker gehen daher oft erstaunlich gelassen mit diesem Thema um. Zur Auslösung einer Allergie muss der menschliche Organismus mindestens zweimal mit demselben Gifttyp konfrontiert werden. Die Wahrscheinlichkeit, bei der zutiefst pazifistischen Grundhaltung von Wildbienen zweimal von derselben Art gestochen zu werden, geht wirklich gegen Null.

Aggressivität

Verglichen mit den ihren Stock verteidigenden Honigbienen sind nahezu alle Wildbienenarten geradezu ein Muster an Friedfertigkeit. Nur zwei Hummelarten, die Baumhummel *(Bombus hypnorum)* und die Dunkle Erdhummel *(Bombus terrestris)* können auf Störungen im unmittelbaren Nestbereich manchmal mit Angriffen und Stichen reagieren. Durchschnittliche solitäre Wildbienen zeigen keinerlei Aggressivität. Dieses Verhalten wurzelt nicht in »Feigheit«, sondern trägt wesentlich zum Überleben der Art bei.

Argumente gegen einen Angriff

➤ Solitäre Wildbienen sind alleinerziehende Mütter: Es gibt keinen »Staat«, kein Heer von Arbeiterinnen, das alle Belange der Königin abdeckt, es gibt einzig und allein das befruchtete Weibchen. Eine Königin ohne Hofstaat, Dienstboten und Leibwächter. Wird sie verletzt oder getötet, gibt es keinerlei Ersatz. Jede Möglichkeit, sich fortzupflanzen und das genetische Material an eine neue Generation weiterzugeben, wäre damit verwirkt. Rien ne va plus! Für ein Überleben ist Flucht daher hundertmal sinnvoller als ein Angriff. Ein General, der plötzlich selbst am Angriff teilnehmen muss, statt seine Soldaten aus der Ferne zu delegieren, wird sich das sehr gut überlegen und plötzlich eine völlig neue pazifistische Ader entdecken.

➤ Werden Nestbereich und Brutzellen zerstört, kann die Biene an einer anderen Stelle neue Brutzellen anlegen, um den Verlust zu kompensieren. Durch die Verteilung der Brutzellen auf mehrere Nistplätze werden immer einige Nachkommen überleben. Im Gegensatz zur Honigbiene gibt es keinen zentralen Stock, der die gesamte Brut und die für das Überleben nötigen Wintervorräte enthält und daher um jeden Preis verteidigt werden muss. Das Weibchen stirbt nach einigen Wochen und es überlebt lediglich der Nachwuchs in den Brutzellen.

Friedfertigkeit setzt sich durch

Aggressivität würde den Fortpflanzungserfolg einer solitären Wildbiene nicht erhöhen, sondern gefährden. Deshalb ist ein solches Verhalten in ihrem Erbgut nicht verankert, der Schlüssel zum Überleben heißt in ihrem Fall Pazifismus. Selbst bei der Zerstörung der Nisthilfe werden wir niemals Angriff, sondern immer Flucht auslösen. Die Angst vor solitären Wildbienen ist völlig unbegründet und wurzelt lediglich in Unkenntnis, nicht in einer konkreten Bedrohung. Auch unsere Kinder und Kleinkinder können das rege Treiben an den Nisthilfen ohne jede Scheu genießen. Nehmen Sie künftig also ganz entspannt Anteil am Leben dieser faszinierenden Insekten.

So bitte nicht!

Mein Rat

- Der Großteil der zum Beispiel im Baumarkt angebotenen Nisthilfen ist praxisuntauglich und häufig auch noch überteuert. Im günstigsten Fall kommt es zu einer Teilbesiedlung, manchmal nicht einmal dazu. Vom Kauf derartiger Produkte rate ich dringend ab. Viel sinnvoller ist es, wirklich taugliche Nisthilfen selbst zu bauen. Das macht obendrein mehr Spaß als der Kauf des fertigen Stücks im Baumarkt.

- Speziell bei Obstbäumen können die Rostrote Mauerbiene und die Gehörnte Mauerbiene, die sich beide problemlos in Nisthilfen ansiedeln lassen, einen entscheidenden Beitrag zur Bestäubung leisten. Für den praktischen Artenschutz haben die klassischen Nisthilfen für Wildbienen dagegen nur eine geringe Bedeutung. Hier ist es wesentlich wirkungsvoller, kleinstrukturreiche Gärten mit einem vielfältigen Angebot blühender Wildstauden zu schaffen, wie es das Ziel jedes Naturgartens ist. Über 50 Prozent unserer einheimischen Wildbienenarten nisten im Erdboden. Ihnen bringen die klassischen Nisthilfen mit Hohlräumen nichts. Auch von den übrigen Wildbienen siedelt nur eine Handvoll recht häufiger Allerweltsarten in Nisthilfen. Als Anschauungsobjekt, zur Information und Einführung in das Thema Wildbienen und zur Sensibilisierung für die grundlegenden Ansprüche von Insekten an ihren Lebensraum sind Nisthilfen dagegen sehr wertvoll. Das rege Treiben an der Nisthilfe zu beobachten und zu fotografieren, kann zudem viel Freude bereiten. Ich kann es wärmstens empfehlen.

- Der häufig zu beobachtende Gigantismus beim Bau von Nisthilfen für Wildbienen ist sehr fragwürdig. Das Motto »viel hilft viel« trifft hier nicht zu. Denn bei guter Bauweise kann die Zahl der dort siedelnden Insekten schnell in die Zehntausende gehen. Diese völlig unnatürlich hohe Besatzdichte führt zu einem stark erhöhten Parasitendruck. Außerdem dürfte das Nahrungsangebot im Umfeld für die Versorgung der Brutzellen nicht ausreichen. Kleine, verstreut angebrachte Nisthilfen sind aus ökologischer Sicht viel sinnvoller.

Das Angebot an Nisthilfen in Baumärkten und Gartencentern orientiert sich in der Regel eher am Aussehen als an den Bedürfnissen der Insekten. Trotz zahlreicher kritischer Rückmeldungen von Biologen und Naturschützern hat sich an den angebotenen, meist unbrauchbaren Grundtypen in den letzten Jahren leider so gut wie nichts geändert.

Werden solche weitgehend praxisuntauglichen Modelle als Vorbild zum Selbstbau kopiert, ist die Enttäuschung angesichts der geringen Besiedelung groß. Um dem entgegenzuwirken, stelle ich im Folgenden die sich immer wiederholenden typischen Baufehler vor.

Markhaltige Stängel waagerecht im Bündel

Es gibt zwar Wildbienenarten, die ihre Gänge ins Innere markhaltiger Stängel graben, allerdings suchen sie fast ausschließlich nach einzeln stehenden und zugleich vertikal orientierten Stängeln. Die meisten in Nisthilfen siedelnden Wildbienen und Wespen sind dagegen Hohlraumbesiedler, die ihre Gänge nicht selbst graben. Für sie bietet ein markhaltiger Stängel keinen nutzbaren Nistraum, weil das Innere teilweise oder komplett vom Mark ausgefüllt wird.

Gebündelte, waagerecht orientierte, markhaltige Stängel werden deshalb kaum besiedelt, weil sie weder den Ansprüchen der Marknager noch denen der Hohlraumbesiedler genügen. Sehr selten findet man dort Keulhornbienen der Gattung *Ceratina* sowie Grabwespen der Gattung *Pemphredon,* die Röhrenblattläuse zur Ernährung ihrer Brut eintragen.

Hohle Stängel mit ausgefranstem Eingang

Saubere, glatte Schnittkanten an Strohhalmen, Schilfhalmen und Bambusstängeln, bei denen keine Splitter in den Eingang oder das Innere des Halms ragen, sind eine essenzielle Voraussetzung dafür, dass Wildbienen sie besiedeln. Denn zum Abstreifen des Pollens in der Brutzelle kriecht die Biene rückwärts, also mit den Flügeln voraus, in ihren Nistgang. Jeder Splitter am Eingang der Niströhre würde ihre empfindlichen Flügel unwiderruflich zerstören. Und Fußgängerbienen haben absolut keine Zukunft! Daher meiden die Insekten Stängel mit gequetschten, gesplitterten, ausgefransten Eingängen instinktiv, und die Nisthilfe bleibt leer.

Hohle Stängel mit übergroßem Innendurchmesser

Wildbienen bevorzugen Brutröhren, in die sie gerade noch hineinpassen. Eine der größten Bienenarten an Nisthilfen ist die Gehörnte Mauerbiene *(Osmia cornuta)*. Sie wählt meist Gänge mit 8 – 9 mm Innendurchmesser. Gänge jenseits von 1 cm Durchmesser werden nur in Ausnahmefällen besiedelt, weil hier der Materialverbrauch beim Bau der Brutzellen unverhältnismäßig groß ist. Riesenhalme mit einem Durchmesser von über 3 cm, zum Beispiel vom Japanischen Staudenknöterich oder Riesen-Bärenklau, bleiben ausnahmslos leer.

Plastiktrinkhalme und Plastikröhrchen führen aufgrund des fehlenden Gasaustausches zur Verpilzung der Brut und sind daher ebenfalls fehl am Platz.

Kiefernzapfen

Dieser Klassiker fehlt in fast keiner käuflichen Nisthilfe. Kiefernzapfen sind billig oder kostenlos und füllen rasch große Räume. Dabei sehen sie leider auch noch putzig aus und verlocken zum Kauf. Die Anziehungskraft von Kiefernzapfen auf Insekten geht aber schlicht und ergreifend gegen Null. Abgesehen von vereinzelten Spinnen bleiben solche Fächer komplett leer. Wenn ein Garten tatsächlich so strukturarm sein sollte, dass Insekten auf eine derartige Versteckmöglichkeit angewiesen wären, würde es in diesem Gebiet vermutlich sowieso keine Insekten mehr geben. Als Versteck und erst recht als Überwinterungsquartier eignen sich mit Kiefernzapfen gefüllte Fächer und Kästen nicht.

Das Gleiche gilt für eine Füllung aus Borkenstückchen, Holzhäcksel, Stroh, Heu und ähnlichen Materialien. Als Unterschlupf und Überwinterungsquartier für Insekten haben diese Materialien so gut wie keinen praktischen Nutzen.

Bild links: Die Hohlräume der Halme werden fast komplett von Fasern versperrt. Jede Besiedelung ist hier unmöglich.

Schmetterlings-Überwinterungsquartier

Manche Insektennisthilfe beinhaltet ein sogenanntes Schmetterlings-Überwinterungsquartier. Es handelt sich meist um einen kleinen, rundum geschlossenen Kasten mit senkrechtem Einflugschlitz vorne.

Überwinternde Schmetterlinge haben aber keine Probleme, gut geschützte Stellen für die Überwinterung zu finden, beispielsweise in Höhlen und hohlen Bäumen oder im Siedlungsbereich in Schuppen, auf Speichern und in Garagen. Biologen, die sich mit dem Verhalten und der Ökologie unserer Tagfalterarten auseinandersetzen, halten solche Kästen aus Faltersicht für komplett sinnlos. Von den etwa 180 Tagfalterarten in Deutschland überwintert zudem nur ein winziger Teil, etwa 3 Prozent, als Schmetterling, nämlich sechs Arten: Kleiner Fuchs, Tagpfauenauge, Zitronenfalter, C-Falter, Trauermantel, Großer Fuchs. Alle anderen hierzulande überwinternden Tagfalter verbringen die kalte Jahreszeit als Ei, Raupe oder Puppe. Schon unter diesem Aspekt ist eine solche »Überwinterungshilfe« sinnlos.

Denn: Der erschreckende Rückgang unserer Schmetterlingsarten liegt keineswegs am Fehlen von Überwinterungsmöglichkeiten. Viel entscheidender ist der Verlust geeigneter Lebensräume mit den entsprechenden Futterpflanzen für die Raupen der Falter. Schmetterlinge können eine breite Palette von Nektarpflanzen als Energiespender nutzen, die Raupen mancher Arten sind dagegen zwingend auf eine einzige Pflanzenart für ihre Entwicklung angewiesen.

In solchen Schmetterlings-Überwinterungsquartieren finden Sie eines sicher nicht: Schmetterlinge!

Zu kleines Florfliegen-Überwinterungsquartier

Eine Florfliegenlarve verputzt während ihrer zweiwöchigen Entwicklungszeit 200 bis 500 Blattläuse. Damit haben die Tiere die Herzen der Gartenbesitzer im Sturm erobert. Florfliegen überwintern als adulte Insekten. Hierfür bietet mache Insektennisthilfe ein sogenanntes Florfliegen-Überwinterungsfach. Man erkennt es an den typischen, rot gestrichenen Querlamellen vorne. Ähnlich wie das Schmetterlings-Überwinterungsquartier bleibt dieses Fach in der Regel leer. Das Problem: Es ist viel zu klein.

Versuche zur Überwinterung von Florfliegen konnten zeigen, dass Florfliegenhäuschen in Rot oder Braun von den Tieren signifikant am besten angenommen werden. Dabei hatten die angebotenen Überwinterungsquartiere, die im Feldversuch gut funktionierten, eine Seitenlänge von mindestens 30 cm. Sind die Kästen kleiner, haben sie kaum praktischen Nutzen für die Tiere.

Die Kästen bleiben auch deshalb leer, weil überwinternde Florfliegen – ähnlich wie überwinternde Schmetterlinge – im Allgemeinen kaum Probleme haben, gute Stellen für die Überwinterung zu finden. Man trifft sie häufig in Garagen, Gartenschuppen und auf Speichern, manchmal in großer Zahl.

Überwinterungskästen für Florfliegen brauchen eine Kantenlänge von mindestens 30 cm. Die winzigen Kästchen in Nisthilfen sind putziges Spielzeug ohne jeden praktischen Nutzen.

139

Bohrlöcher im Stirnholz

Leider fehlt auch dieses Element in fast keiner der käuflichen Nisthilfen. Äste und Stämme mit Bohrlöchern im Stirnholz werden im Vergleich zu anderen benachbart angebotenen Nisthilfen nur zum Teil, manchmal gar nicht besiedelt. Das Problem: Hier trifft meist eine ungeeignete Holzart auf unzureichende Trocknung des Holzes mit entsprechenden Folgen.

Durch ungleichmäßige und zu schnelle Trocknung kommt es zu Spannungen und damit zur unterschiedlich stark ausgeprägten Rissbildung im Holz. Dieser Prozess wird bei eng beieinanderliegenden Bohrungen noch verstärkt. Durch die Risse können Pilze und Parasiten eindringen. Wildbienen meiden solche Gänge instinktiv und die Nisthilfe bleibt leer. Generell gilt: Mit steigendem Durchmesser eines Astes oder einer Stammscheibe und der Schnelligkeit der Trocknung nimmt die Rissbildung zu. Gerade die oft verwendeten, malerischen, riesigen Stammscheiben sind daher am stärksten betroffen. Meistens kommt es nur zu einer Teilbesiedelung solcher Stammscheiben, ihre Haltbarkeit ist begrenzt.

Bohrlöcher in Weichholz

Weichholz, zum Beispiel von Weide oder Pappel, fasert stark. Bei feuchter Witterung stellen sich die Fasern im Inneren der Bohrlöcher auf und verhindern damit jede Besiedelung durch solitäre Wildbienen und Wespen. Bei Nadelhölzern ist die Harzbildung ein zusätzliches Problem, weil die Insekten dort kleben bleiben können.

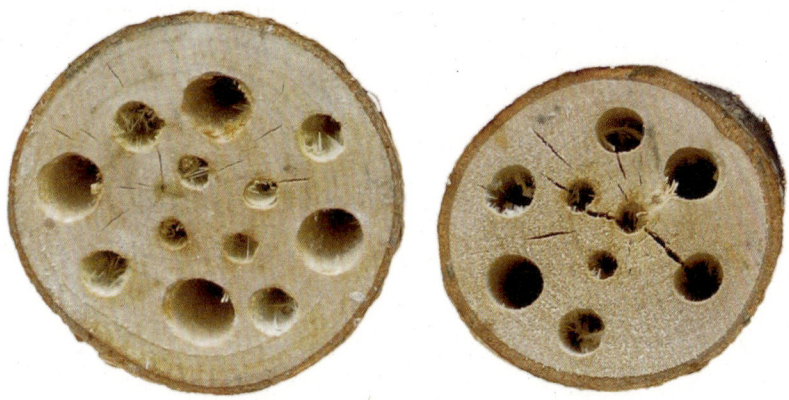

Faseriges Weichholz mit Bohrungen im Stirnholz ist als Nisthilfe für Wildbienen gänzlich ungeeignet.

Bohrlöcher mit Splittern

Unsaubere Bohrungen mit Splittern und Fasern am Eingang und im Inneren des Bohrganges haben einen ähnlichen Effekt wie nicht sauber geschnittene Pflanzenstängel (siehe Seite 136). Sie gefährden die empfindlichen Flügel der Insekten und werden daher nicht besiedelt.

Eine Wildbiene, die hier »einparkt«, kann ihre Flügel getrost für immer vergessen.

Leere Lochziegel

Aus Sicht der solitären Wildbienen und Wespen gibt es kaum etwas sinn-loseres in einer Nisthilfe als einen leeren Lochziegel. Die Insekten nutzen dieses Nistangebot ähnlich häufig wie Löwen den Gurkenhobel, näm-lich gar nicht. In extremen Ausnahmefällen mag sich dort die Rostrote Mauerbiene austoben. Sie ist für ihre Wahl manchmal bizarrer Nistplätze bekannt. Einen solchen Fall habe ich aber noch nicht selbst erlebt und auch nicht fotografisch dokumentiert gesehen. Beim Lochziegel gibt es vor allem zwei Probleme:

➤ Die als Nistraum angebotenen Durchbrüche sind vorne und hinten offen. Stößt der Lochziegel also nicht hinten an die Rückwand der Nisthilfe an, entsteht kein geschlossener Hohlraum, wie er für die Be-siedelung erforderlich ist. Lediglich die Rostrote Mauerbiene besiedelt ausnahmsweise Gänge, die vorne und hinten offen sind.

➤ Die Hohlräume sind zudem vergleichsweise riesig und scharfkantig. In der Regel haben sie einen Durchmesser von über 1 cm. Solche Löcher werden nur sehr selten besiedelt. So bevorzugt die Gehörnte Mauerbiene, eine der größten Arten an unseren Nisthilfen, einen Gangdurchmesser von 8 – 9 mm. Ein Wildbienenleben dauert in der Regel vier bis sechs Wochen, in dieser Zeit legt die Biene zehn bis 30 Brutzellen an. Jede Wildbienenart wählt einen Gangdurchmesser, in dem sie gerade noch Platz hat, teilweise wirklich nur mit eingezogenem Bauch. Dadurch minimiert sie den Verbrauch an Baumaterial für die Auskleidung der Brutzellen und die Trennwände. Verglichen damit hat ein Lochziegel Ballsaaldimensionen, die einen immens hohen Mate-rialverbrauch erforderlich machen würden. Keine Wildbiene, die ihre fünf Sinne beisammen hat, würde sich auf so ein Angebot einlassen.

Der Versuch, einen Lochziegel durch Zuschmieren der Löcher mit toni-gem Lehm oder Ton als Nistraum aufzuwerten, ist doppelt sinnlos. Denn dieses Nistangebot richtet sich an Steilwandbewohner, deren natürlicher Lebensraum Löss ist, ein weiches Lockergestein, in das die Bienen mit

Bild links: Lochziegel pur – eine sinnlosere Nisthilfe gibt es kaum.
Bild rechts: Oberflächlich mit Lehm verschmierter Lochziegel – doppelt nutzlos.

ihren Mandibeln problemlos Gänge graben können. Ton und toniger Lehm, die häufig für Nisthilfen verwendet werden, sind dagegen zu hart und damit nutzlos. Selbst bei Verwendung von Löss sind die Hohlräume der Lochziegel viel zu klein für die Anlage der teilweise verzweigten Gangsysteme der Steilwandbesiedler. Mit einem solchen Angebot können also weder Hohlraumbesiedler noch Gänge grabende Arten etwas anfangen.

Bestückt man die Lochziegel mit hohlen Pflanzenstängeln, ist das die einzige, einigermaßen sinnvolle Verwendung dieses Baumaterials. Der Ziegel selbst ist dabei unwichtig, er dient lediglich als Stauraum für die Stängel. Es gibt aber wesentlich einfachere und effektivere Möglichkeiten, solche Stängel in einer Nisthilfe zu befestigen, beispielsweise aufgerollte Schilfrohrmatten oder Konservendosen mit Naturstrohhalmen.

Porenbetonsteine

Weil sie sich leicht bearbeiten lassen, trifft man in manchen Nisthilfen auf Porenbetonsteine, zum Beispiel Ytong und Ähnliches. Dieses Material ist als Nisthilfe für Wildbienen gänzlich ungeeignet. Es zieht Luftfeuchtigkeit an, dadurch beginnt der Pollen-Nektar-Kuchen im Inneren der Brutzellen zu verpilzen und die Bienenlarven sterben ab.

Lehmflechtwand

Eine Weidenflechtwand, verputzt mit einer Mischung aus Lehm und ge-häckseltem Stroh, imitiert die klassische Bauweise eines Fachwerkhauses. Als Nistwand für selbst grabende Wildbienen wird sie häufig mit einem kleinen Giebeldach versehen und meist im Rahmen von Naturschutz- oder Schulprojekten erstellt. Ihr Nutzen für die Ansiedelung grabender Wildbienenarten ist allerdings vernachlässigbar. Denn das eingearbeitete, gehäckselte Stroh hindert die Wildbienen am Graben. Echte Fachwerk-wände werden daher meist erst dann besiedelt, wenn sie bereits sehr alt sind und das Stroh mürbe und verwittert ist.

Häufig kommt beim Bau solcher Nisthilfen zudem Ton oder toniger Lehm zum Einsatz, die nach dem Trocknen viel zu hart sind, als dass die Bienen sie bearbeiten könnten. In der Regel besiedeln daher nur Mauer-bienen, die im Hinblick auf ihren Nistraum am anspruchslosesten sind, die vorgebohrten, großen Löcher. Der Aufwand für ein solches Projekt steht somit kaum im Verhältnis zum praktischen Nutzen für die Bienen.

Luftdichte Beobachtungsnistkästen

Manche Beobachtungsnistkästen verwenden Röhrchen aus Glas oder Plastik, in denen die Wildbienen ihre Brutzellen anlegen. Die Kastenfront mit den daran hängenden Röhrchen lässt sich abnehmen und der Inhalt betrachten und fotografieren. Aus pädagogischer Sicht fantastisch, um Kinder, aber auch Erwachsene mit völlig neuen Einblicken zu begeistern. Leider hat dieses System aus Sicht der besiedelnden Insekten einen gravierenden Nachteil. Denn durch den fehlenden Gasaustausch erfolgt die Belüftung ausschließlich über die Trennwände der einzelnen Brutzellen. Als Folge entwickelt sich im Inneren der Röhrchen Kondenswasser, Pilzsporen durchwuchern die Brutzellen. Die Insektenlarven können sich nicht mehr normal entwickeln und sterben früher oder später ab. Hitzestau im Sommer und Sauerstoffmangel sind weitere Probleme. Mit viel Glück funktioniert dieses System eine Zeit lang, dann kippt es.

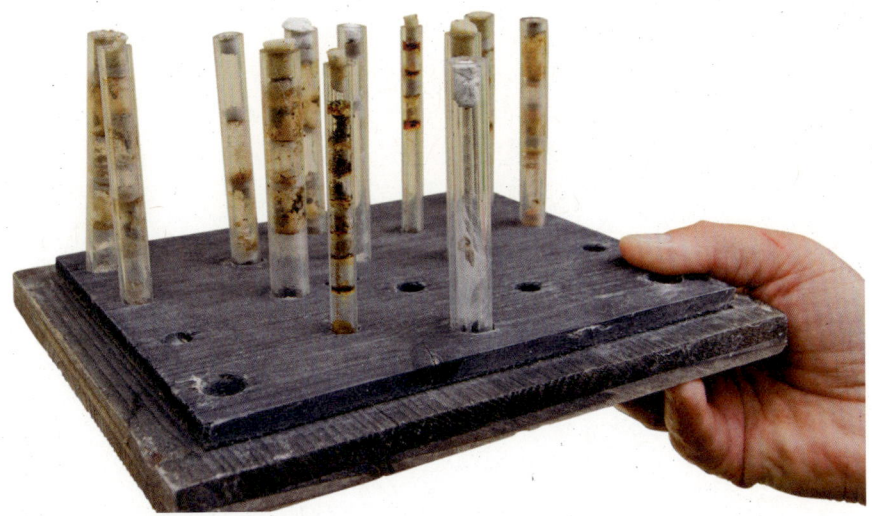

Abnehmbare Vorderseite eines Beobachtungsnistkastens mit Röhrchen aus Acryl. Durch Verpilzung sind alle Bienenlarven im Inneren der Brutzellen abgestorben.

145

Weitere Informationen zum Autor

➤ **Website Werner David:** www.naturgartenfreude.de
(umfangreiche Informationen zu Wildbienen, Insektennisthilfen, Naturgarten, Naturgartenbalkon)
➤ **Auf Facebook:** www.facebook.com/werner.david.18

Andere Bücher von Werner David

➤ **Lebensraum Totholz.**
Gestaltung und Naturschutz im Garten, pala-verlag
➤ **Von Fallenstellern und Liebesschwindlern.**
Begegnungen im Naturgarten, pala-verlag

Wildbienenbärchen der Töpferin Barbara Stockhaus

Der Autor

Werner David, Jahrgang 1959, begeisterte sich vom eigenen Krabbelalter an für alles, was da kreucht und fleucht. Vor allem Lebewesen mit sechs oder mehr Beinen bringen seine Augen immer wieder zum Leuchten. Als logische Konsequenz folgte ein Studium der Biologie und Chemie für Lehramt Gymnasium in München.

Der intensive Kontakt zur Naturgartenbewegung inspirierte Werner David zur Gestaltung eines 2 m² großen Liliput-Naturgartenbalkons im ersten Stock. Die gute Besiedelung der dort aufgestellten Insektennisthilfen führte zu vielen Beobachtungen, zahllosen Fotos und einer fundierten Auseinandersetzung mit diesem Thema.

Seine Eindrücke und Erfahrungen teilt Werner David gerne mit humorvollem Augenzwinkern auf seiner Website, bei Facebook und nicht zuletzt in diesem Buch.

Anhang

Wildbienenarten an Nisthilfen

Es ist relativ schwer, seriöse Quellen zu finden, die darüber Auskunft geben, welche Arten in einer Nisthilfe für Insekten nisten können. Im Folgenden eine Übersicht verschiedener Artenlisten, die einen Eindruck vermitteln von der Vielfalt an unseren Insektennisthilfen.

Besiedler von Hohlräumen

Quelle: Klaus Cölln, Andrea Jakubzik: Zur Ökofaunistik Kunstnester bewohnender aculeater Hymenopteren (Studie zu Buchenholzklötzen mit Bohrungen, 1991)

Solitäre Wildbienen

- Blattschneiderbiene, Gewöhnliche *(Megachile versicolor)*
- Düsterbiene, *Stelis breviuscula*
  (Kuckucksbiene bei den Löcherbienen *Heriades truncorum* und *Heriades crenulatus*)
- Düsterbiene, *Stelis phaeoptera* (Kuckucksbiene bei zum Beispiel *Osmia leiana*)
- Löcherbiene, Gewöhnliche *(Osmia [= Heriades] truncorum)*
- Maskenbiene, *Hylaeus annularis*
- Maskenbiene, Gewöhnliche *(Hylaeus communis)*
- Mauerbiene, Blaugrüne *(Osmia caerulescens)*
- Mauerbiene, Gehörnte *(Osmia cornuta)*
- Mauerbiene, Rostrote *(Osmia bicornis)*
- Mauerbiene, *Osmia leaiana*
- Mauerbiene, *Osmia parietina*
- Scherenbiene, *Osmia [= Chelostoma] florisomne*
- Scherenbiene, *Osmia [= Chelostoma] fuliginosum*

Grabwespen (Sphecidae)

- *Passaloecus insignis*
- *Pemphredon lethifer*
- *Pemphredon lugens*
- *Pemphredon lugubris*

- *Psenulus fuscipennis*
- *Psenulus pallipes*
- *Rhopalum clavipes*
- *Trypoxylon clavicerum*
- Töpfergrabwespe *(Trypoxylon figulus)*
- *Trypoxylon minus*

Lehmwespen (Eumenidae)

- Mauer-Lehmwespe *(Ancistrocerus nigricornis)*
- Lehmwespe, *Ancistrocerus trifasciatus*
- Lehmwespe, *Symmorphus crassicornis*
- Lehmwespe, *Symmorphus mutinensis*

Parasitoide

Erzwespen *(Chalcidoidea)*, Goldwespen *(Chrysididae)*,
Schlupfwespen *(Ichneumonidae)*, Keulenwespen *(Sapygidae)*

- *Chrysis ignita*
- *Omalus auratus*
- *Perithous septemcinctorius*
- *Sapyga decemguttata*
- *Sapyga quinquepunctata*
- *Trichrysis cyanea*

Beobachtete Arten am »Hotel zur Wilden Biene«

Quelle: Volker Fockenberg

Solitäre Wildbienen

- Blattschneiderbienen, *Megachile* spec.
- Löcherbiene, Gewöhnliche *(Osmia [= Heriades] truncorum)*
- Maskenbienen, *Hylaeus* spec.
- Mauerbiene, Natternkopf- *(Osmia adunca)*

- Mauerbiene, Rostrote *(Osmia bicornis)*
- Mauerbiene, Gehörnte *(Osmia cornuta)*
- Mauerbiene, Blaue *(Osmia caerulescens)*
- Scherenbiene, *Osmia florisomnis*
- Scherenbiene, *Osmia rapunculi*
- Seidenbiene, *Colletes daviesanus*

Grabwespen (Sphecidae) und Lehmwespen(Eumenidae)

- Blattlaus-Grabwespen, *Passaloecus* spec.
- Spinnen-Grabwespen, *Trypoxylon* spec.
- Lehmwespen, *Ancistrocerus* spec.
- Lehmwespen, *Symmorphus* spec.

Parasitoide

- Erzwespe *(Monodontomerus obsoletus)*
- Goldwespen, *Chrysis* spec.
- Gichtwespen, *Gasteruption* spec.
- Keulenwespe, *Sapyga clavicornis*
- Keulenwespe, *Sapygina decemguttata*
- Schlupfwespen, *Ephialtes* spec.

Besiedler markhaltiger Stängel

Quellen: Dr. Paul Westrich
Klaus Cölln, Andrea Jakubzik: Hymenopterennester in Brombeerstengeln (1992)

Solitäre Wildbienen

- Düsterbiene, *Stelis ornatula* (Kuckucksbiene bei *Osmia*-Arten)
- Keulhornbiene, *Ceratina chalybea*
- Keulhornbiene, Schwarze *(Ceratina cucurbitina)*
- Keulhornbiene, Blaue *(Ceratina cyanea)*
- Maskenbiene, *Hylaeus annularis*
- Maskenbiene, *Hylaeus brevicornis*

- Maskenbiene, Gewöhnliche *(Hylaeus communis)*
- Maskenbiene, *Hylaeus confusus*
- Mauerbiene, Dreizahn- *(Osmia tridentata)*
- Stängel-Mauerbiene, Gelbspornige *(Osmia claviventris)*
- Stängel-Mauerbiene, Schwarzspornige *(Osmia leucomelana)*

Grabwespen (Sphecidae) und Lehmwespen (Eumenidae)

- *Ectemnius rubicola*
- *Nitela borealis*
- *Passaloecus corniger*
- *Passaloecus singularis*
- *Pemphredon inornata*
- *Pemphredon lethifer*
- *Psenulus concolor*
- *Psenulus laevigatus*
- *Psenulus pallipes*
- *Rhopalum clavipes*
- *Rhopalum coarctatum*
- *Gymnomerus laevipes*

Parasitoide

Erzwespen *(Chalcidoidea)*, Goldwespen *(Chrysididae)*, Schlupfwespen *(Ichneumonidae)*

- *Aritranis signatorius*
- *Melittobia acasta*
- *Omalus aeneus*
- *Omalus auratus*
- *Omalus violaceus*
- *Perithous divinator*
- *Perithous medicator*
- *Perithous septemcinctorius*
- *Trichrysis cyanea*
- *Xylophrurus augusta*

Adressen und Bezugsquellen

Glücklicherweise gibt es inzwischen eine wachsende Anzahl von Anbietern praxistauglicher und absolut sauber verarbeiteter Nisthilfen. Als Käufer sollte man solche Firmen unterstützen, nicht das Nisthilfe-Grauen aus Baumarkt und Gartencenter. Im Folgenden eine Auswahl empfehlenswerter Anbieter von Nisthilfen sowie Anlaufstellen für weitere Informationen über Wildbienen und das Thema Naturgarten.

Nisthilfen für Wildbienen

Hummeltischler

Jan Gubisch
Zschertnitzer Weg 4
01217 Dresden
www.hummeltischler.de
❖ *Hummelnistkästen*

Bienenhotel.de

Johann-Christoph Kornmilch
Theodor-Körner-Straße 20 b
17498 Neuenkirchen
www.bienenhotel.de
❖ *Nisthilfen mit Pappröhrchen, Nutbrettchen*
❖ *Studie »Rote Mauerbiene als Bestäuberin« (siehe Seite 76):*
  www.dbu.de/OPAC/ab/DBU-Abschlussbericht-AZ-22088.pdf

Stockhaus-Keramik

Barbara Stockhaus
Feldstraße 16
18320 Trinwillershagen
www.stockhaus-keramik.de
❖ *Nisthilfen aus gebranntem Ton*

wildbiene.com

Volker Fockenberg

Heimersfeld 77

46244 Kirchhellen

www.wildbiene.com

❖ *»Hotel zur Wilden Biene« (siehe Seite 69),*
   Wildbienenforum, Online-Artenlexikon

Naturschutzcenter

Markus Lohmüller

Graf-Wolfegg-Straße 71

72108 Rottenburg

www.naturschutzcenter.de

❖ *Nisthilfen (Schilf, Hartholzblöcke, Pappröhrchen), Bücher, Broschüren, Poster*

der Wildbienenschreiner

Manfred Frey

Hauptstraße 27

75305 Neuenbürg

www.wildbienenschreiner.de

❖ *Beobachtungsnistkästen, Holzklötze mit Bohrungen, teilweise mit Schutz vor Vogelfraß*

Reinhard Molke

Burenstraße 3

76744 Wörth am Rhein

www.wibinihi-remo.de

❖ *»Wibinihis« (Wildbienennisthilfen) aus alten Eichenbalken (siehe Seite 41)*

WAB – Mauerbienenzucht

Sonnentauweg 47

78467 Konstanz

www.mauerbienen.com

❖ *Nutbrettchen, Pappröhrchen, geschnittene Schilfhalme, laminierte Infotafeln*

Wildbienenglück GmbH
Jürgen Schwandt – Insektenhäuser und Bausätze
Dürrnbucher Straße 7
90579 Langenzenn
www.wildbienenglueck.de
❖ *Nisthilfen aus Schreinerhand*

Naturgarten

❖ *Einheimische Wildstauden und Sträucher als wertvolle Pollen- und Nektarlieferanten*
für unsere Insekten finden Sie unter anderem bei den Mitgliedsbetrieben von Natur-
garten e. V., Bioterra und Naturgarten Netzwerk.

Naturgarten e. V.
Verein für naturnahe Garten- und Landschaftsgestaltung
Reuterstraße 157
53113 Bonn
www.naturgarten.org

Bioterra
Scheideggstrasse 73
8038 Zürich
Schweiz
www.bioterra.ch

Verein REWISA-Netzwerk
Tulpengasse 8 a
4400 Steyr
Österreich
www.rewisa-netzwerk.at

Interessante Links

www.naturgartenfreude.de

❖ *Wissenswertes und Heiteres rund um den Lebensraum Balkonien, Wildbienen, Nisthilfen und die Freuden eines Naturgartens aus der Feder von Werner David. Umfangreiche Fotosammlungen*

www.wildbienen.de

❖ *Diese von Hans-Jürgen Martin erstellte Seite ist die wohl umfassendste Fundgrube im Internet zum Thema Wildbienen. Dort finden Sie alles über Arten, Lebens- weisen, Ökologie, praktische Tipps zum Thema Nisthilfen und zu angewandtem Naturschutz. Ein Muss für jeden Wildbienenfreund*

www.wildbienen.info

❖ *Die Website des Biologen Dr. Paul Westrich, der zu den führenden Wildbienen- spezialisten zählt. Noch kompetenter geht es kaum.*

www.wildbienenschutz.de

❖ *Flyer und Arbeitsblätter zum Herunterladen. Ausstellung »Wildbienen, Hummeln und Hornissen« zum Ausleihen*

www.wildbee.ch

❖ *Umfangreiche, liebevoll gestaltete Seite mit einem eigenen Bereich zum Thema Wildbienenschutz*

www.bombus.de

❖ *Hintergrundinformationen zu Hummeln, Hummelforum*

www.aktion-hummelschutz.de

❖ *Hintergrundinformationen zu Hummeln, Hummelforum*

www.aktion-wespenschutz.de

❖ *Ein spannender und umfassender Einblick in das Wirken eines Wespenschützers. Freundliche und kompetente Beratung bei Problemen mit sozialen Faltenwespen*

Lebensräume schaffen, Biodiversität fördern!

Sie möchten sich für den Erhalt unserer Artenvielfalt einsetzen und jetzt gleich etwas tun? Wir als NaturGarten e.V. zeigen, welches Potenzial der besiedelte Raum für den Erhalt unserer Biodiversität bietet. Hier kann jeder Einzelne direkt vor Ort aktiv werden.

Machen Sie mit und werden Sie Mitglied!

www.naturgarten.org

NaturGarten e.V.

Andere Bücher aus dem pala-verlag

Werner David:
**Von Fallenstellern
und Liebesschwindlern**
ISBN: 978-3-89566-267-6

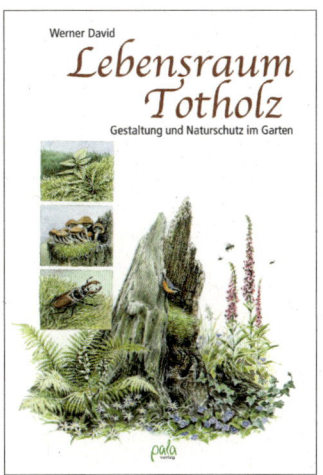

Werner David:
Lebensraum Totholz
ISBN: 978-3-89566-270-6

Sigrid Tinz:
Haufenweise Lebensräume
ISBN: 978-3-89566-389-5

Brigitte Kleinod, Friedhelm Strickler:
Schön wild!
ISBN: 978-3-89566-367-3

Gesamtverzeichnis bei:
pala-verlag, Am Molkenbrunnen 4, 64287 Darmstadt, www.pala-verlag.de

ISBN: 978-3-89566-358-1
© 2016: pala-verlag,
6. Auflage 2021
Am Molkenbrunnen 4, 64287 Darmstadt
www.pala-verlag.de

Bildnachweis:
Seiten 30, 98, 102, 105, 147: Kerstin Lüchow
Seiten 39 (oben links), 143 (oben links): Petra Gudehus
Seiten 41 – 45: Danièle Bastian
Seite 50: Matthias David
Seite 57 (oben): Anja Steinhoff
Seite 67: Michael Schabert
Seite 124: Tanja Ape
alle anderen Fotos: Werner David
Titelfotos vorne: Matthias David (oben), Werner David (unten)
Titelfoto hinten: Kerstin Lüchow

Lektorat: Angelika Eckstein

Druck und Bindung: Beltz Grafische Betriebe GmbH,
Bad Langensalza
www.beltz-grafische-betriebe.de
Printed in Germany

Gedruckt auf
100% Recyclingpapier